重生还是重演
如何成为一个厉害的高手

石勇
——
著

文匯出版社

图书在版编目（CIP）数据

重生还是重演：如何成为一个厉害的高手 / 石勇著.
-- 上海：文汇出版社，2018.9
ISBN 978-7-5496-2693-9

Ⅰ.①重… Ⅱ.①石… Ⅲ.①心理学—通俗读物
Ⅳ.① B84-49

中国版本图书馆 CIP 数据核字（2018）第 167423 号

重生还是重演：如何成为一个厉害的高手

出 版 人 / 桂国强
作　 者 / 石　勇
责任编辑 / 乐渭琦
封面装帧 / 嫁衣工舍

出版发行 / 文汇出版社
　　　　　上海市威海路 755 号
　　　　　（邮政编码 200041）
经　　销 / 全国新华书店
印刷装订 / 三河市京兰印务有限公司
版　　次 / 2018 年 9 月第 1 版
印　　次 / 2018 年 9 月第 1 次印刷
开　　本 / 710×1000　1/16
字　　数 / 166 千字
印　　张 / 15

ISBN 978-7-5496-2693-9
定　价：49.80 元

目 录

01 心理弱小者，只能不停地重演曾经的失败

你的社会处境越差，心理处境也就越恶劣，所受到的打击、伤害，可能比别人多，心理上更难生存。

不懂优势排序，注定在低端徘徊 / 003

我们无法选择现在别人怎么对我们，

却可以选择若干年后别人会怎么对我们 / 009

重演者"适应社会"，

重生者"让社会适应自己" / 015

为何强者不会对魔鬼与陌生人感到不安 / 019

02 高手的定义是：
能看透人心真相

一个人越是因为别人比他有身份、有钱而仇恨别人，他骨子里其实越想变成那个人。

高手，就是用优势和脑子取得胜算的那批人 / 025

低手普遍在心理上认为：
一个人占有着什么，他就是什么 / 030

高手总说"我很强"，低手则说"他很强" / 034

玩转"心理竞争" / 043

03 重生的真相

一个人的现在，其实已经预示了他的未来。

高手是不可威胁的 / 049

低手被本能控制，高手控制本能 / 054

"自娱自乐"是独属于高手的游戏 / 058

高手都敢于剖开自己给别人看 / 063

04 重生，从找出真实的自我开始

很多人忙忙碌碌，不停地做这做那，其实在很多时候，就是一个逃避和自我相处的借口。他非常害怕和真正的自我在黑暗中相会。

高手也需要寻求帮助，
但他知道怎么才能得到帮助 / 071

低手依靠假自我，高手依靠真自我 / 075

干掉自己人性的人，人性也会干掉他 / 079

如果对自己的评价取决于别人的看法，
灾难就开始了 / 083

05 智力是可锻炼的

如果一个人的大脑被心理取代，不可避免地就会变成一个不讲逻辑的白痴，变成一个一被刺就跳起来的心理动物。

越是对爱和恨的东西注入情感，
心里就越抓狂 / 089

如果大脑被心理取代，便注定无法重生 / 097

在他人的眼中越透明，就越没有力量 / 101

06 走出"心理保护"

把那个因为受伤或害怕受伤而一直躲着的真实自我给找出来,赋予爱、理性、人格的力量,让它成长,让它强大!

从来没有"莫名其妙" / 111

所谓"心理保护",不过是弱小者的武器 / 116

拿起"心理保护"这武器那一刻,就输了 / 121

想要放下"心理保护",需要力量 / 127

07 高手的竞争法则

我们在这个世界上所看到的很多东西,从政客演讲、宗教礼仪、商品展销、电视广告、房间装饰,到开业典礼、教学培训、请客送礼、制服诱惑、请示报告,无数现象,本质上都是表演,也是隐秘或残酷的心理博弈。

通往牛叉的路上,行走着一群伪装的人 / 135

把稀松平常的东西玩出花样来,就是高手 / 139

装,从来都是维持牛叉的必要手段 / 143

在心理上输了,就永远输了 / 147

面试成功是表演的成功,面试失败则是表演的失败 / 150

08 人生重生课

让理性逻辑能够控制住心理逻辑,不致被各种自己无法意识到,以及虽意识到但无法抗拒的心理逻辑吞没。它是我们获得心灵解放的第一步。

用理性控制情绪的几种方法 / 159

远离身边的"6种人" / 164

高手权就是解释权 / 168

09 女人重生法则

不能排除当一个男人轻而易举就追到一个女人时,不懂得好好珍惜。但请记住,这个男人不珍惜女人,绝不是因为女人表现得不值得珍惜,而是因为他并不真正爱她。

做一个女人并把自己看成是一女人 / 177

对于男人:你需要什么,而对方又在想什么 / 179

对于女人:对方在想什么,

你在对方眼中又是什么 / 187

答读者问

战胜自己绝不是和自己作对。心理强大的秘密之一是理智与情感、头脑与心灵的和谐，即自我没有陷入冲突。

说"战胜自己"是一个错误 / 201

一个人的自我从危险中撤退 / 209

如何培养能镇住人的气势 / 215

把游戏规则解释得有利于自己 / 218

施虐的女人和性欲强的男人 / 221

在精神上毁灭自己的人 / 225

做一个演员时，一定要同时做一个观众 / 230

01

心理弱小者，
只能不停地重演曾经的失败

你的社会处境越差，心理处境也就越恶劣，所受到的打击、伤害，可能比别人多，心理上更难生存。

不懂优势排序，注定在低端徘徊

社会优势排序

很抱歉，我用了一个看起来非常抽象的术语。但这个术语非常牛，非常有用，就像吴思先生的"血酬""潜规则"一样，可以帮助我们理解很多社会层面的东西。

什么是"社会优势排序"呢？简单说，只要你根据社会上大多数人的观念，认为一个白领就比一个民工高档，一个有大学文凭的人就比一个只有中学文凭的人牛，一个处长就比一个科员尊贵，一个漂亮的女人就比一个长相平平的女人高档，那么，真的不好意思，你的思维模式、心理模式遵循了某种社会优势排序的指令。

看到没有，在社会优势排序上，白领＞民工，有大学文凭的人＞有中学文凭的人，处长＞科员，漂亮的女人＞相貌平平的女人，分别是按社会经济地位、文凭、权力层级、颜值等单一或多重指标来排列的，它们构成了一个层级链。权、钱、文凭、容貌等都是对人在心理上有优势或有吸引力的稀缺资源，它们是决定社会优势排序的"价值"。

我们都想在社会优势排序上提升，这是人之常情，Low 是很让人讨厌的，谁不想变成高大上啊。但是，想提升我们的排序和心理上屈服于社会优势排序是两个概念。很不幸的是，一旦你是社会优势排序的忠实粉丝，遵循社会优势排序的指令，就为自己的心理弱势打开了大门。这种社会优势排序必然制造伤害、焦虑、愤怒、自卑和羞辱，因为按照这个规律，在这个游戏之内，只有位于最高端的人，在人群中才能获得绝对的心理优势。

社会优势排序这个术语太重要了，重要到我忍不住就打算在这里破译它。

三重心理处境

当我们在这个世界上存在时，马上会产生三重心理处境。

还是先想象一下，把你扔在没有人的黑暗之中，你会不会害怕？

恐怕会害怕，对吧？

害怕，就是你孤身一人在黑暗中时，在心理上的处境。

当我们作为一种存在出现在这个世界上时，存在本身就给我们带来了第一重心理处境。

因为，你和自然、和世界是分裂的，不是一体的，会有孤独感、渺小感。而由于人最终会死，他一旦存在，似乎随时就面临着虚无化的威胁，所以会有"不存在"的焦虑。这种最终会死的命运，投射在心理上，就变成了一种荒诞、一种空虚。一个人有时候会感到空虚无聊，没有意义——

当这种情绪涌上来的时候，真相就是我们不想往前走，不想让自我继续成长。

所以，你有时候感到孤独，感到渺小，感到焦虑，感到空虚无聊，感到做什么好像都没有意义。当你体验到这些情绪的时候，并不痛苦，而只是有苍凉、悲壮感，这太正常了！这说明你正在体验到你的存在的心理处境。即使内心强大级别最高的古典哲学家、在喜马拉雅山修行的高人，也会有这些情绪，只不过，当这些情绪涌上来的时候，在他们内心里不留下痕迹。

我们呢，也不用去管它们，因为这些情绪太自然了，来得自然，去得也自然。我建议大家有兴趣的话甚至可以去和这些情绪相处，触摸一下它们，因为和这些情绪相处其实就是在感受我们的存在。

可是，如果这些情绪让你并没有苍凉感，而是感受到了痛苦，并且一直不消失，那么，就不是存在的处境带来的了，而是你在社会上的处境及你的心理结构可能有问题带来的。它们不再是自然的情绪，对我们是一种杀伤，因此需要通过改变我们去解决。

接着说第二重心理处境。这种心理处境是我们在社会上的处境带来的。

按社会学的说法，"社会"就是一个很大很大的"结构"（请自动脑补一下蜘蛛网，想象一下有很多蜘蛛爬在上面，这只蜘蛛和那只蜘蛛在不同的节点、位置上时的那种图像），在这个"结构里"，我们总是位于某个节点上，这个节点就是我们的社会位置。

当然，这个社会位置是可以移动的，可以从这一点挪到那一点，可以从一个低点挪到高点。比如马云就从当年一个比较低的节点上，通过努力推移到了非常高的一个节点上。

马云兄是可以复制的，但你和马兄一样，得是一种和大众不一样的、非常独特的存在。

我们所讲的从这个节点到那个节点，从这个社会位置到那个社会位置的移动过程，就是传说中的"社会流动"。流动得比较好，没有阻碍，社会就比较公平；流动受阻，穷人很难改变命运，那阶层结构就比较固化。

社会结构的"节点"，即我们的社会位置，是由三个链条交叉构成的。

哪三个链条呢？哦，是利益食物链、心理食物链、审美价值链。不管你是权贵还是平民，是高富帅、白富美还是屌丝，是富人还是穷人，是公务员还是写字楼白领，是学生还是已工作的人，都被分别嵌入到这三个链条各自的位置里，然后，在它们的交叉地方，形成你的社会位置！

这三个链条只要一组合起来，对应于你的社会位置，在心理上，恰恰就是你的社会优势排序！

所以可以给社会优势排序列一个公式：社会优势排序＝利益食物链＋心理食物链＋审美价值链。

这个公式非常重要，我想请大家记住。

同时，我还想请大家也记住：利益食物链、心理食物链、审美价值链是三维一体的。

比如一个白富美，她老爸或是权贵，或是富人，或是名人，在利益食物链上的位置是很高的，她也继承了老爸的阶层地位，在利益食物链上位置也很高。而利益食物链总是和心理食物链配套的，她在心理食物链上也位于上端。审美价值链呢？因为她长得白，长得美，所以，位置也很高。在这三个链条的较高位置里一交叉，白富美在社会优势排序上就很高了。

同样是女人，黑穷丑呢？我们都不用分析了，她在这三个链条的位置上都非常低，所以在社会优势排序上也非常低。

当然，白富美和黑穷丑，以及高富帅、穷矮矬只是少数人，大多数人在利益食物链、心理食物链、审美价值链上的位置有高有低，他们的社会位置，他们的社会优势排序是综合的结果。

但事实就是：你在利益食物链、心理食物链、审美价值链上是什么位置，你的这个社会处境，就影响到了你心理上的处境。如果你穷，那你大概会感觉到被人看不起，会有自卑；如果你很有钱，很有权，那就对别人有心理优势，会有一种傲慢。如果你长得帅，长得漂亮，那就处处受欢迎，受照顾，你就容易有一种虚荣的心态；如果你长得丑，就没有人围着你转甚至正眼看你，你会自卑，你会明白一切都要靠自己。

总结一下就是，你的社会处境越差，心理处境也就越恶劣。平民子弟从小就开始的心理处境，要比官二代、富二代们的心理处境差得多。

当然，这不是说一个人的社会处境越好，他的心理就越健康；而是说，如果我们的社会处境很差，我们所受到的打击、伤害，可能比别人多，心理上更难生存。

但社会处境好的人，如果是不公不义的利益食物链的受益者，心理上也不会好到哪里去，他们会反过来被不公不义本身所杀伤。

我们都知道，假如一个强者要去欺负一个弱者，一开始肯定是有心理障碍的，他干不来，为了利益或变态的快感要干下去，就必须突破心理障碍。这个心理障碍就是他真实的自我，这个自我会告诉他欺负一个人在道德上是错误的。所以，当他为了利益或快感理所当然地欺负弱者，或者享受到跟不公不义联系在一起的利益时无动于衷，证明他已经把这个真实自我给压抑甚至扼杀了。

所以，还有第三重心理处境：自我的处境。

我们无法选择现在别人怎么对我们，却可以选择若干年后别人会怎么对我们

在讲自我的处境所产生的心理处境前，我们先停一下下。

停下干什么呢？问几个奇怪的问题。

这个问题就是：存在本身所产生的心理处境，能改变吗？就是说，人本身可以像神仙那样无忧无虑吗？

答案你都知道：不可能。而不可能的原因恰恰也是：人不是神仙！这种心理处境，是根源于人这种存在本身，要改变，除非你把这个存在本身给改变了。就是说，不再是人，重新变回猴子，或者修炼成神仙。但这当然是白日做梦。

不仅是不可能，事实上也没必要改变。为什么要改变呢？

再问：社会处境所带来的心理处境呢，能改变吗？答案很明显：能！

只是，这种心理处境，从一开始就不是由我们控制的。我们无法选择父母，选择家庭环境。你不是万达王健林的儿子王思聪，她也不是碧桂园杨国强的女儿杨惠妍。另外，我们理论上虽然可以选择工作环境、生活环境、

人际圈子，但要付出很大的代价，并不是说我在这个公司干，然后"贱人"特别多，上司也是施虐狂，我就可以辞职走人换一家公司。我们不仅要考虑心理处境，还得考虑利益得失。而在这样的环境里，别人是不是要打击、伤害我们，在我们不具有自我保护的能力之前，也没有太多话语权。求别人"你不要打击、伤害我"，估计是没用的。

当然，再次强调，无论这种心理处境多么恶劣，它都是可以改变的！

你确实无法选择父母，但可以选择成为什么样的人！选择从你开始，家庭的历史从此改写！

我们确实也无法选择一开始别人怎么对我们，但却可以选择在若干年后，他们会怎么对我们！

这些，都是这本书的重要内容，也是我们的心理分析所要干的大事之一。

好，说到自我的处境所产生的心理处境了。这是一种什么样的心理处境啊？能改变吗？

只是用理论的方式来揭示，估计有点儿枯燥，这里用两个故事来代劳。

第一个故事我们非常熟悉。主角是一个女生，她工作非常努力，很优秀，很多年来一直坚守自我，相信有爱情存在，但遇到的男人总无法让她心动，于是，就成了"大龄女青年"。自然而然地，就有很热心的人一直张罗着要给她介绍男朋友。开始时她不好意思拂了别人的好意，但接触了十几个后发现那些男人层次太低，不是她的菜。而这样一来，舆论对她就指指点点了，说她眼光太高、孤傲，甚至心理有问题。她的父母、亲戚好像也比她更着急，一再催促她找个男人结婚，好像她不随便找个男人把自己嫁出去就有罪一样。为此，她感到相当焦虑和苦恼。

舆论对于大龄女青年，尤其是优秀的大龄女青年总是不太友好，甚至有点儿险恶，没人拿她真实的自我当回事，也没人愿意去尊重她内心的想法。而她真实的自我并没有强大到对此淡定的地步，所以常常受到刺激。这就是她真实自我的处境所产生的心理处境。

还有另一种自我处境所产生的心理处境，那就是假自我的处境所产生的心理处境。所以，我们继续第二个故事。

这个故事的主人公是个20岁的男生，他在一所大学读大二，家里经济情况并不好。由于这所大学富人子弟较多，盛行吃穿玩上的攀比，他很自卑。为了克服自卑，他不顾家里的经济条件，"剥削"父母，使劲在行头和玩乐上包装自己，提高自己的社会优势排序。为此，他当然有负罪感，但却感到无法控制自己，内心处于巨大的冲突中。

你应该看得到，这个男生很屈服社会优势排序。在他所在的环境里，社会优势排序低，会让一个人感到自卑，可能还会被人鄙视、排斥。这就是他的自我的处境，不过，是假自我。

屈服社会优势排序的，从来不是一个人的真实自我，而是假自我。这个假自我的处境，让他处在了一种既自卑又想掩盖自卑，既有负罪感又控制不了自己的内心挣扎中。

如果说，第一个故事的女生，要改变自己心理上的处境，是通过让真实自我变得更强大的话，那么，在第二个故事的男生那儿，他要做的就是打破社会优势排序，不靠假自我来和世界打交道。他的优势是努力学习，增强实力，为以后自己的成功做准备，而不是在当前去跟别人玩这些攀比。在社会优势排序的游戏中，既没有实力又没有父母给罩着的人只能输掉，玩这个游戏其实很愚蠢，还是不要玩了吧！

"自我"的虚假

没有一个"自我",人在心理上就活不下去。但是,如果他的"自我"并不是他自己,只是社会上的东西驻扎在自己心里的"代理人",他就会和自己失去联系。

用"假自我"来维持自己心理生存的人,从一开始就失去了防御能力。

玩心理保护,没有表现出自然情感

"心理保护"这个概念在我的"三体心理",以及六维性格分析理论体系中特别重要,比"社会优势排序"这个概念还要重要。

为什么重要?因为这个概念是进入人类心理密室的万能钥匙。不错,是一把万能钥匙。我们千奇百怪的各种语言、行为,我们的各种心理问题,我们的内心弱小,都有一个共同特征:是玩了心理保护的结果。

事实上,心理保护不是有多少种,而是一种维护人的心理生存的机制,一种运作逻辑。但是,它在绝大多数情况下,不是真的保护了心理,保护了我们,而是在智力结构不起作用的情况下,以杀伤我们内心为代价的盲目的"保护"。领导骂我时我压抑,确实让我不至于因顶撞领导而在利益上受到威胁,或担心有严重后果。但是,这种压抑已经对我构成了内心的杀伤,我会变得更加懦弱,头脑上更加迟钝。玩合理化的心理保护也是如此。但事实上,我本来可以不玩这些心理保护,可以让内心强大,用智力结构去应对领导的,既不得罪他,也不会杀伤自己的心理。

心理保护的可恶之处,就在于它让我们无法释放自然情感,从而使我们弱小的自我得不到爱、理性、人格上的力量去强大，在心理上变得越来越弱小、扭曲。所以，要内心强大，必须打破心理保护，释放自然情感，这是一个根本性的原则和方法。在后面，我们将重点分析。

不确定性

只要我们无力把握一种东西，我们就不会感觉到自己是命运的主人。

被不确定性吞没的人，同时也是一个无法体验到自己在世界面前的力量的人。

别人言行的作用力指向自己

有的人很容易受别人的影响，别人的语言和行为，可以快速地绕过他的大脑，进入他的心理结构，激起他的各种情绪，引起情绪和状态的不稳定。其实，只要一个人无法用大脑防护自己的心理结构并解读外界刺激，他的心理弱小就是一种宿命。

看到前面有一个人，他就成了我的一个观察对象。同理，我们也是别人言行的对象。容易受到别人影响的人，别人言行的作用力就是指向他的。力的方向，决定了心理的优势和劣势。

所以，我们知道，窥视别人而获得巨大快感的秘密是：力是由我们指向被我们窥视的人，而且在心理上解除了他的防御。

社会层级的暴力

和价值排序对应,社会是一个层级结构,除了我们日常所见到的诸多正能量,也充斥着权力和金钱、观念的暴力。

一个老板可以借助"管理"的名义羞辱一个小职员,打击他的自尊心,无论是否变态,这是现实。

他人的伤害

很多人曾经幻想生活在桃花源,但桃花源不过是一个梦境。

社会生活的一个根本特征就是矛盾与冲突。参与了社会这场游戏,弱者要想不被"伤害",除非自身非常小心和努力。

因为伤害别人已经成为一些道德白痴的乐趣。

重演者"适应社会"，
重生者"让社会适应自己"

我不知道当初你怀着理想踏入社会时，是否有人曾经对你说过"要适应社会"。

在我的印象中，很多人还会貌似智慧地说：如果你不能改变社会，你就要适应它。

也许还没有等到你碰得头破血流，非常聪明的你很快就适应了。

但在一开始的时候，你肯定感觉到，你在做很多事情时，都是违反自己内心的声音的。这是一个迷失自我，或者说扼杀自我的过程。

但久而久之，你真的适应了，你的自我慢慢死去，而社会上玩的那一套取而代之变成了你的自我。

比如，原来你很讨厌"人应该现实些"这样的论调，但现在，你真的认为"人应该现实些"，并且要捍卫这种信条。你就是被这么一个假的自我所操纵。这个假的自我，一开始和你的利益联系在一起，后来慢慢地就和你的心理联系在一起，你必须捍卫它，必须唾弃、遗忘甚至仇恨当初的那个自我，因为它无论对你现在的利益还是心理都是一种威胁。

所以，每个人似乎都有一种"本能"，在照镜子时阻止自己。

不要让自己感觉自己很陌生。

而如果发现了自己很陌生，他也不敢再追问下去。因为他只要把"谁是我"追问下去，那个维持他心理生活的社会自我就会分崩离析，像烟一样散去。

他会感到一种不可忍受的虚无感，焦虑和恐惧会吞噬他。

而被扼杀的自我此时仍然在黑暗的地下室里，等待着他去唤醒，也随时准备遣责他。

多数人都不敢承受这种虚无，去与自己在黑暗中际会。为了利益等等一切而对自我的扼杀，在存在上是"有罪"的。自我的复活将意味着对他扼杀自我进行道德审判，并威胁他现在所拥有及追求的一切。

它是严厉的：只要你扼杀了自我，不管你在社会上取得多少利益，都没有意义。

正是这样，为了防止自己惊异地觉得自己是一个陌生人；为了防止自我复活，一个人就必须逃避与自己单独相处。

有多少人能在晚上突然停电之后，什么也不做，独自在黑暗之中待半个小时以上呢？

我认识一个人，只要他一个人坐着，什么事也不干，两分钟不到就要瞌睡，而如果有人和他说话，或者有人跟他打牌，则精力十足。这样的人一般情况下都意识不到自己为什么会这样，一切好像都是"自动"的，他像一架机器一样被某种神秘的指令所牵动。我不能说在他们身上有一种防御机制，可以通过睡眠等让他们逃避与自己独处，但可以肯定地说，一旦他们与自己独处，在心理上是很难生存的。

很多年前，我曾经在贵州中部一个高山河谷的半山腰里待过一段时间。

刚开始去的时候，我以为我开始了净化心灵的朝圣之旅。但没过多久，我就感觉到了一种不适。我以为是习惯了"社会"，还无法适应这种生活，心理模式还没有改变。但慢慢地，这种不适感越来越强烈，我才知道，这是一种焦虑。

我开始思考很多问题。

第一个想到的是，现代人可能在心理上永远无法返回古代了。古人的心是安宁的，他们静默着，可以真切地感受到自然的美，听到花开草长的声音。但现代人的心眼里耳朵里充斥着金钱、物欲、人与人之间争吵的噪声，在很大程度上已经丧失了领悟自然之美妙，感悟天籁之声的能力。他们的心理模式，已经和现代社会的结构、精神、游戏规则同构。因此，即使一个人跳离了"社会"，他的心还在社会那里。

第二个想到的是，古代和现代在社会结构上的不同决定了不同的心灵状态。在古代，由于交通的不便，人口不多，通信落后，人们之间的联系并不那么紧密，甚至相对隔绝，特别是在农村——古人绝大多数都是农民——在心理上每个人都有一个独立的空间。而且，他们从出生开始，在身份上就依附于家族、村社共同体中，在心理上有一个确定性的秩序可以依归。因此，他们的心灵是安宁的，一切都是自然的。

也许，古人所居住的环境差不多就是我所在的那种地方，但我却不能像古人一样获得心灵的安宁。这不仅仅说明我的心理模式不同于古人的心理模式，从而根本不能体验到对于古人来说习以为常的心灵状态，而且还说明，当我远离了"社会"时，在长期的独处中我触摸到了存在本身。

我的焦虑，恰恰就来自于这种对独自存在的体验。

为何强者不会对魔鬼与陌生人感到不安

在我们的日常生活中,最难以解释的一种现象是:当一个陌生人出现在我们的生活中时,我们总有一种不适感,一种不安。我们一定要弄清他是谁,想终结他的陌生状态,界定他。而在很多极端的时候,一个人对于另一群人来说,要么就成为朋友,要么就成为敌人,没有中间状态。从古至今,人们遇到某种他们无法解释的神秘现象时,都倾向于将它认为是神仙或者魔鬼所为,总之是一种神力或魔力的展示。

美国从立国开始,直到现在,随时都需要一个敌人。开始是英国,后来是德国,再后来是苏联,现在则是"无赖国家"和"恐怖主义"。至于中国和俄罗斯,在台面上不叫敌人,可在战略上则是防御对象。

对"敌人"的渴望简直就是美国的一种"先验渴望"。

这些现象都指向了人与世界的基本结构:主体—客体结构。蒂利希说:"自我—世界(self-world)的相互关联是实在所具有的基本结构,如若世界一方消失,那么另一方自我也就消失了,留下的只是它们共同的基础而不再是结构性关联。"人是一种二元化的存在。有自我,就有他者;有自我世界，就有他者世界。"自我—世界"的结构是一种方向性结构，没有这样一个结构，人就会找不着北。

于是，这种"自我—世界"的方向性结构在人的精神那儿建构了一种秩序，这是一种心灵的秩序。如果这种秩序崩溃，人理解世界的方式就会失效，焦虑就会袭击他。

陌生人之所以让我们不安，是因为他的存在已经逸出了我们心灵的秩序，让我们理解世界的方式失效。当他已经进入我们的心理生活，而不只是在街上一闪而过的时候，只要我们无法确定他是谁，他对我们来说就是危险的。

同样，如果一种神秘的现象超出了我们的理解能力，我们就会倾向于认为它是神仙或魔鬼干的。由于它是无法理解的现象，没有来头，无法确定，就威胁到了我们的心灵秩序。因为如果它不是一种可以确定的客体，作为主体的我们的自我就会受到威胁，风雨飘摇。所以，我们一定要把它拉入到这个心灵秩序里来。不管是神力还是魔力，总可以确定（当然是想象性的确定），总在我们的心灵秩序之内。

没有秩序的保护，对于我们来说是何等可怕的心理灾难。

不知你是否有过这样的体验，当你等待影响你命运的考试结果时，简直可以说是一种漫长的煎熬。在考试之前，你的存在是在一个秩序中的，很多东西都可以确定。考完试，在结果出来之前的这段时间里，你就被抛入了一种没有确定性的心理生活中，成绩如何你无法确定。这个时候，不确定性对于你来说就构成了一种焦虑。

为了摆脱这种焦虑，你或者设想自己考得不错，借此来说服自己不要担忧；或者设想你考得很差，从而把焦虑转化为恐惧，并通过预先接受这一设想的结果的方式来消除恐惧。总之，你一定要从焦虑中摆脱出来。因此，等待很漫长，或者说由于你投入了过多的关注而使等待显得很漫长时，你会急切地希望结果快点出来，哪怕不是好的结果——因为你可以解脱了。

高手的定义是：
能看透人心真相

一个人越是因为别人比他有身份、有钱而仇恨别人，他骨子里其实越想变成那个人。

高手,就是用优势和脑子取得胜算的那批人

"社会优势排序"这个概念是我们进入社会、人心真相的入口

假设你的朋友、同事人人都有房有车,而你想当"房奴"却不得,只好挤住在阴暗的地下室或城中村,每天气喘吁吁挤公交上班,你能想象自己可以保持平静吗?

当一个人这样问你时,不排除你为了面子,斩钉截铁地回答他:我能!但你的内心马上会告诉你,你在说谎!

另外,你或许可以告诉自己:我能!但别忘了,这是头脑里的那个你在告诉内心里的那个你。这是暗示,是否认,而不是心理的真实状态。

原因很简单,你屈服于社会优势排序——并且很不幸,和别人相比,你排的位置比较低。

一个由外在评价主宰自我认同的人实质上是一个遗失了真实自我的人。从外部世界得到的那个"自我"只要进驻到我们的心理结构,我们就成了外部世界的傀儡,失去了防御打击的能力。

只要我们屈服于社会优势排序，在心理上就注定要过一种风雨飘摇的生活，并被自卑、焦虑、烦躁等情绪袭扰。如果很不幸，我们没有一定的社会地位，也没有钱，也就是说，没有一个从外部世界中得到的强大的"自我"，那就更是如此。

要变得心理强大，就必须打破这个社会优势排序，让心灵从它的桎梏中解放出来！

社会优势排序绝对是一个非常关键的概念，不夸张地说，它是我们透视社会、人心的一个入口。

我在前面的章节里简单解释过这个概念，现在我把它全面地翻译一下，就是：社会从来都是现实地看待人的高低贵贱，甚至用一套及其世俗的标准去划分一个人牛不牛叉、高不高档，并给大家排好高低不同的位置。白领比民工高档，对民工有心理优势；而富人、老板在心理上，则又可以把白领踩在脚下。在世俗眼里，这不是社会的变态，而是天经地义。

那么，社会优势排序这个"暴君"是怎么君临天下的？

公元前535年，有个叫芋尹无宇的人说了一句非常著名的话："天有十日，人有十等，下所以事上，上所以共神也。故王臣公，公臣大夫，大夫臣士，士臣皂，皂臣舆，舆臣隶，隶臣僚，僚臣仆，仆臣台……"

瞧，一级压一级，贵贱什么的都排好了座次，而且还拉老天来论证它的合法性。前辈周树人先生对此表示严重抗议，并悲哀地替没有谁可以"臣"的"台"设想：不是还有更卑的妻，更弱的子吗……

古代印度种姓制度的玩法类似，也是把人分成几个等级，像什么婆罗门、刹帝利、吠舍和首陀罗之类。为了防止低贱种姓玷污高贵种姓的血统，前两个种姓绝不与后两个种姓通婚，并且还要在生活中保持种姓隔离。比如，规定不同种姓的人不能待在同一个房间里。

自然，高贵种姓们平时穿的衣服，低贱种姓们也是不能穿的。你穿的衣服，要让人一眼就看出你属于哪个种姓。高种姓的人戴一个金链，低种姓的你也想戴，就是在破坏种姓识别的政治社会环境，就可能会受到惩罚！

据写了《人类动物园》《裸猿》《亲密关系》这个"裸猿三部曲"的英国人类行为学家莫里斯考证，在1363年的英格兰，议会关注的主要是规范社会各阶级的服饰。在文艺复兴时期的德意志，服装超越她实际地位的女子可能会受到的惩罚是颈上戴木枷。在印度，头巾如何戴以显示种姓是有严格规定的。在亨利八世时期的英格兰，如果男人不能随时奉献一匹轻装马去为国王效命，其妻子是不允许戴丝绒女帽或金色项链的。在美国新英格兰的早期，如果丈夫没有一千美金以上的财产，妻子是不允许戴丝巾的。

为了保持一个在社会优势排序上还有点儿位置的读书人的身份，你见过只能排出几文大钱的孔乙己先生脱下过他的长衫吗？

离开了刀剑的庇护，社会层级制能否存在会成为一个大问题。但与社会层级制构成一体两面的社会优势排序，在征服人心上却不费吹灰之力。原因很简单：社会中的低贱阶层，在屈服于高贵阶层的暴力时，同时也屈服于他们的美学标准和价值趣味。

一个社会中的时尚，一般总是从上流社会那儿开始玩的。被社会优势排序俘获的下层社会善男信女们当然也会跟着模仿，从而也显得自己时尚高档，但当流行到他们那儿时，为了不和他们混同，上流社会的时尚达人们早就换一种玩法了。

低贱阶层之所以屈服于社会优势排序，向高贵阶层看齐，还有一个更隐秘的原因：后者离泥土、汗水最远——而摆脱泥土、汗水乃是一个人的永恒渴望!

和泥土、汗水混在一起，就会让一个人感觉低贱吗？是的。

首先，泥土和汗水与生命有关，但也和死亡、和一个人无法超越他生命最初的卑微状态有关，这是他最害怕的。

其次，社会层级制、社会分工存在着对身份的歧视，与泥土、汗水混在一起的，从来都是低贱阶层，高贵阶层们玩的不是生产劳动，而是治国打仗、读书管理这类玩意儿。"劳心者治人，劳力者治于人"嘛。

你也许要问：古代中国不是有"重农抑商"，有一套热爱土地的价值观念吗？而且，苏联不是也曾经把工农抬上了天，把沙俄的贵族阶层贬到了地狱，离泥土、汗水近的人在离泥土、汗水远的人面前，难道没有心理优势吗？

当然没有。对于一个人来说，如果他不希望发生的一件事情已经发生，而且无法改变，他就要启动心理保护机制：认命。热爱土地，是因为无法扔下锄头去当官。认命避免了社会优势排序对自己的伤害，并从和土地的关系中找到生存的意义。

不仅是中国古代，几乎所有国家的穷人都这样干，也只能这样干。很多地方，干脆有宗教大师出来忽悠，把这种认命上升到宗教的高度，罩上神圣的光环，说人应该受苦，应该忍受自己的命运，以在来生或天堂获得拯救。

就是到现在，据去印度考察过的朋友讲，印度的穷人虽然只能在贫民窟里和垃圾为伴（出一个"贫民窟里的百万富翁"的概率，和彩票中奖的概率差不多，那是资产阶级用来麻醉被压迫人民的反抗意志的神话，善良的人们一定要警惕！），但对自己的处境安之若素。为什么？因为他们作为低贱种姓应该忍受苦难，已经变成一种宗教意义上的生存，这是神安排的，要听神的话，这样神才能罩着他们。

贵族阶层背后的社会优势排序，让很多人感到自卑。一个人越是因为别人比他有身份、有钱而仇恨别人，他骨子里其实越想变成那个人！

从另一个角度看：在同等五官轮廓和身体形状的情况下，我们为什么认为，一个皮肤白的女人比一个皮肤黑的女人漂亮高档？或许白人很牛，黑人不算牛的现实会影响到现在我们的美学标准。但是，在古代，中国人有这种美学标准的时候，一些地方的白人都还在森林里呢。根本的原因是：白意味着不进行生产劳动，不日晒雨淋，远离泥土和汗水；而黑恰恰相反。

离泥土、汗水越近的工作，就越低贱；而离泥土、汗水越远的工作，就越高贵，这就是世俗社会的观念。空姐显得高档不仅仅是长得好看，不仅仅是有一双黑丝袜腿，而在于她们的职业，她们接触的人，离泥土都非常之远。

正因为人具有摆脱泥土和汗水的永恒渴望，而且喜欢玩心理竞争，所以，哪怕社会层级制度已经被自由、平等的潮流冲击得七零八落，社会优势排序也从来不随着它的玩完而玩不下去。

恰恰相反，它会玩得更厉害。因为在现代社会，没有谁规定你不可以穿只有富人才能穿的衣服，也没有谁规定你一辈子就只能当工人、农民、小职员。它允诺，在成功地爬到上流社会方面，你和其他人的机会是平等的。未来的大门始终向你打开，问题只在于你可不可以走进去。另外，一切都具有不确定性，说不定哪天机会就垂青于你。既然如此，认命也就不合时宜，甚至是对自己的不负责任。

低手普遍在心理上认为：
一个人占有着什么，他就是什么

前面我们已经知道了，社会优势排序＝利益食物链＋心理食物链＋审美价值链。在心理上，它就是一种心理食物链：为了心理生存，人与人之间大鱼吃小鱼，小鱼吃虾米。

不想被吃，一个人就得往上努力。

来看一下战国名嘴苏秦。为了个人当官发财，他一不怕苦，二不怕死，在游说秦国打六国失败后，忍受众人白眼，又去游说六国"合纵"抗秦，最终执掌六国相印，还让曾经看不起他的嫂嫂像蛇一样爬行来谢罪。

我们要问，苏秦以"头悬梁，锥刺股"这一英雄事迹充分证明，他是用特殊材料造成的。这是一种什么样的精神？他的嫂嫂对他前倨后恭，又是一种什么样的心态？

司马迁在《史记》里告诉我们，这是一种"取尊荣"的精神。没有"尊荣"，那就位于心理食物链中的最低端，那就只能被吃。苏秦什么人，怎么可能甘于当虾米？

他的嫂嫂是社会优势排序最虔诚的信徒。作为一只虾米，她除了严重鄙视混得很惨的苏秦，无形中把自己想象成一条小鱼，还能从哪儿找到点生活的乐子？她还要在心理上活不活？而当苏秦革命成功，变成了一条大鱼，她除了赶快讨好之外，没有别的选择。

更不用说，讨好本身就可以让她产生自己不再是虾米的幻觉，因为她是苏秦的嫂嫂，分沾了苏秦的牛叉，可以在众姐妹面前炫耀了嘛。

不知道你是否感到奇怪：苏秦虽然从一个无产者变成了一个领导者，身份变了，但人还是这个人啊，怎么在嫂嫂眼中，他这个人的价值反差就如此鲜明呢？

这就涉及社会优势排序的一个天大的秘密，也是它的一个大漏洞。先看一种商品：靴子。靴子很有魅力，配上一双丝袜，女人穿上去绝对高档。OK，这没有问题，我们可以理解为，鞭子套在一双美脚上，看上去很美。

靴子有不同的牌子，有不同的价格，作为一种现象，这也很正常。

但是，接下来就有问题了：有两个长得差不多的女人去买靴子，一个进名牌店，一个到街边摊儿。不一会儿，她们都拿着自己的靴子在街上展示。当你看到这一幕时，在脑海里会不会有这种感觉——穿品牌靴子的女人比穿地摊儿靴子的女人高档？

这类现象我们太熟悉了，甚至都不想去追问一下为什么。

我们认为逛品牌店的女人高档，仅仅是因为我们推测她有钱，从而屈服于金钱的力量吗？这样想只对了一半。事情的真相是，在我们的心理上，商品价格的差异本身就是一种价值的排序，它转化成了购买它们的人之间的价值排序——商品不同价，人也就不同价了。

人占有的东西，也就是身外之物可以比一下，但人本身能比吗？谁敢说在生命的意义上，一个亿万富翁的命就比一个乞丐的命值钱？如果他把乞丐杀死了，然后丢出一百万，说，这点钱都可以买你几辈子的命了，大家服不服气？这些问题我们根本都问不出口，因为人的生命、人的价值是不能比的，更不能用金钱来衡量。

那为什么会发生社会优势排序，把人与人之间区分成高档与低档这种现象？

在一个聚会上，我们在介绍两个人认识时，一定会指着A告诉B，A叫什么名字，是干什么的，或是我们什么人。你发现没有，如果A没有名字，没有职业、身份，或和我们没有什么关系，我们根本就无从界定A，根本不知道他是谁。这样的A，就是一个神秘之物。

当你在一条阴暗狭窄的小巷里碰到一个陌生人时，为什么感到有些不适？因为你根本无从界定他。不错，他是一个人，但你不知道他是一个什么样的人。而这一点，可能对你是一个威胁，你得防着点。

所以，我们一定要界定一个人，把握他。那么用什么来界定一个人？他不是一种存在嘛，很好办，就用他的存在属性，像性别、年龄、哪儿人、职业、身份、和谁有关系等等，就是存在属性。我们说，白岩松是央视的新闻评论员，姚明是一个球星。

本来，一个人是个医生，他有35岁，像这类存在属于只是用来指代一个人，就像语言符号用来指代一件事情一样，指代的东西和被指代的东西并不就是一回事。但是，在我们的大脑和心里，情况完全变了，变成了一个人就是他的存在属性。我们"体验"一个人，就是用他最明显的存在属性来体验他。

奇怪的是，我们这样体验一个人，他也这样体验自己。一个人是农民工，他也把"农民工"体验为他的自我，虽然有点儿不是那么可资炫耀的自我。

尽管一个人的存在，真的不是他所占有的东西，但在心理上，我们就是认为，一个人就是他所占有的东西。社会优势排序的逻辑就是：每个人都是一个独特的个体，不是不能比较吗，就像一支钢笔和一只苹果一样？但是，我把它们都折算成钱，你看能不能比较它们哪一个值钱？

人也一样。

老老实实地承认，社会优势排序这个游戏对强者是最有利的，如果占有那么多的钱和那么大的权力，居然在别人面前还无法觉得自己牛叉，那还不郁闷得要死，生活中又能找到多少意义？但是，对于弱者来说，把自己真正的价值丢掉，参与这场游戏，注定了在心理上只能输掉。

高手总说"我很强",低手则说"他很强"

西方有个谚语叫"仆人眼里无英雄"。英雄在大众面前总是蒙上一层神秘、强大、正义的光辉,但投射到仆人眼中,这一光辉迅速暗淡。

西方大哲学家黑格尔和蒙田联袂推荐过这一谚语。思考最抽象、最高深哲学问题的人和洞察人情世故的人都对同一种现象念念不忘,当然要引起我们的高度注意。

英雄在大众和仆人眼中居然是不同的两个人。是仆人本来就下贱,不能理解英雄的崇高境界吗?错了!

很简单,距离产生"魅力"。一个只看到包装出来的那个社会形象的人,当然会觉得英雄魅力四射。但如果他也看到了英雄拉屎,看到了英雄在生活上甚至十分低能,英雄是不是被"祛魅"?

毛泽东曾说过一句至理名言:一切反动派都是纸老虎。纸老虎就是只能吓唬胆小的人。抗战刚开始的时候,很多中国人也被日本鬼子吓得尿裤子,似乎日本鬼子不可战胜。结果,平型关一战,中国人沸腾了。事实证明,子弹打进去,日本鬼子的身体里也是有两个眼的,那些肉体也弱得很。

到现在为止，我们已经看穿了社会优势排序是怎么玩的，以及它的破绽何在。而对付它，当然也就有了方法。

我想，不穿衣服，人类可能没有底气在猴子面前说自己是"高级动物"。同样，我们在很多人面前心理弱小，那也只是被他们披的那一身"社会"的"皮"吓住而已。极端地想象一下，假如一个贵妇身上的服饰包装全部脱去，露出赤裸的肉体，可能还赘肉一大堆，眼神惊恐，你会觉得她高档？

我们要做的，就是剥去他们这身"皮"！

十年前，我在一家单位上班。那时我不是一个好学上进的青年，没有向组织和领导积极靠拢的想法，特怕领导，屈服于权力的淫威之中。

有一天，我在厕所里一边撒尿一边唱歌时，领导像幽灵一样突然出现在我旁边。我感到一阵紧张，严重怀疑他在我身边，我的尿能不能撒出来？我看了他一眼，颤抖着喊了一声"×书记"，我就不敢看他了，心里"咚、咚"直跳。

很快我就听到了旁边便池被尿水急剧冲击的声音。我控制不住自己，便偷偷地看了一眼。我看到了一张疲惫、显出颓势的脸，这张脸和平时那张威严的脸极不一样，好像换了一个人。再往下一看，我脑海中出现了这样的一幕：在一个厕所里，两个男人拉开拉链，并排站在一起放水。

那一瞬间对我的冲击太大了。电光石火之间，我突然感觉到，我是和领导一起站在厕所里撒尿，我和领导是平等的！

不错，在办公室里，在会议室里，在各种可以衬托他的身份的场合，他雄踞于我之上，让我战战兢兢。但是，一进入厕所，他和我就没有区别，领导和下属的身份都被解构了，他的威慑力被"祛魅"了，厕所把他打回了原形！

一种巨大的快感猛烈地袭击我的全身。在过了20多年的蒙昧人生后，我开悟了。

此后，我展开了一系列激动人心的推理。为什么领导不喜欢我们对他直呼其名？是因为直呼其名，就意味着一种平等，意味着这个名字一扯，就牵出了真实的他。如果这样，他怎么可能让我们敬畏？所以他一定要我们叫他"书记"，以他在组织中的角色和我们打交道，提醒我们，他对我们有权力，我们在他面前要放尊重些。

同样，一个富人也绝对不会忘记提醒我们，他有钱。我们在他面前，最正确的反应就是自卑！

我陶醉在那个年代自己天才的发现中，再进一步推理，他们这已经是露怯了。很多让我们自卑的人，实际上根本不敢把他真实的一面露给我们看。他露给我们看的那个"自我"，一定不是他真实的自我，而是经过了包装的"自我"。

"神医"张悟本出事之前，一系列头衔让人头晕目眩。像"中医食疗第一人""卫生部首批高级营养专家""中华中医药学会健康分会理事""中国中医科学院中医药技术合作中心研究员""首席健康推广专家"，哪一个拎出来在社会优势排序上没有分量？当然，事后表明，这些头衔纯属虚构，全是为了忽悠人民群众而刻意设置的。

事实的真相往往是，一个人越无法依赖他真实的自我而活，他就越需要认为社会包装出来的那个"自我"就是真实的自己，并让其他人在心理上对此也表示同意。一个权要，一个有钱人，一旦意识到那个剥去了权和钱的自我就是真实的自己，他在心理上就陷入了灾难。

当然，如果无法看破一个人用权和钱堆出来的"自我"本质上是一种虚妄，不好意思，承受灾难的就是我们。

当年，为破除社会优势排序，理论知识非常欠缺、只具匹夫之勇的我曾经玩过现在看来是疯狂而冒险的训练。

第一个训练，我想考验自己在心理上对于大众的白眼有多大的承受力。为此，在一个晴朗的下午，我穿起又脏又破的衣服，目不斜视地在生活区和大街上游荡，间或还溜达到宾馆的大堂里。这是"流浪汉+疯子"的造型。很多认识我的人一看到我那副模样，都以为我得了神经病，在背后指指点点，满脸不屑。我努力保持镇定，对此不屑一顾。在宾馆大堂里，我的出现惊吓了制服裹身的服务员，而保安则毫不客气地把我驱赶出门。

这是一种以毒攻毒，走到一个极端来刻意对抗社会优势排序的策略。后来我发现这种行为极为幼稚，我的勇气完全依赖于自我暗示和强迫，依赖于一种"我豁出去了"的无赖心理。我在前面已经讲过，一个人只要不要脸，是完全可以这样干的。如果这也叫心理强大，那真是对语言文字的巨大侮辱。

五天后，我及时刹车，宣告心理强大的这一错误实践"寿终正寝"。

第二个训练，我想考察自己有没有和那些让我自卑的人进行平等对话的勇气和能力。具体方法就是找机会和别人一起去本单位权势人物的家里，放开胆子说话，并且还直视权势人物的眼睛，培养自己蔑视权要的胆识。这一招几乎是自杀式的，但当时对心理强大的好奇心让我愿意冒险一试。

那一天，我、同事、权势人物就感兴趣的问题进行了友好的三边会谈，并相互交换了对某些问题的看法。我是在吃了晚饭，离开饭馆后，和同事一起访问权势人物家里的。

令我万万没有想到的是，我的"自杀性"举动居然没有害到我，相反取得了意想不到的成功。敢于频频和权势人物直视，让我找到了在他面前心理强大的感觉，说话也就毫不拘束，并且不时现出智慧的火花，令权势人物颇为欣赏。此后，我慢慢地和他走近。我和他的对话，也成为他在复杂的权力斗争中的一种休闲方式。

过后我对这一训练进行了反思,结果痛苦地发现,从心理强大的要求来说,这仍然不得要领。我仍然是强迫自己显得强大,碰到一个不是在和我进行心理较量的人,看起来我成功了,但碰到一个要在心理上打败我的人,我只有一个可耻的下场,就是失败。

这两个训练都缺失了一个非常重要的因素,也就是心理强大训练必须谨记的方法:不要让对方的任何信息掠起自己的心理反应。

而我的方法是,靠强迫自己产生勇气,来对抗对方就社会优势排序来说强大的身份。这是错误的,在一开始就走了歪路。这仍然等于承认,自己的身份和对方的身份比,在社会优势排序上是较低的,自卑被先验地设定。

假如在一开始就按社会优势排序的游戏规则出牌,打破它就只能是一种梦呓。我们的"自我"被社会优势排序的病毒感染严重,对于想要变得心理强大的人来说,要做的绝不是杀毒,而是重装系统!

在以后的强大心理之路上,我大义凛然地抛弃了这种错误的训练,迅猛地转过身,向前方绝尘而去。多年后,我披着一件"发帖回帖专用马甲"像幽灵一样出现在网络……

我认为,我们可以这样来破除社会优势排序:

给定一种情境,就比如你在一个让你自卑、怯场的成功人士面前,你该怎么做?

我们的原则是:只以头脑去和他打交道,而不以心理去和他面对,斩断他身上的光环对你心理的控制链。你在他面前应该是一个理性人,而不是一个心理动物。

一开始训练的话,通常是分三步走:

第一步,头脑要敏锐、活跃,尽力让自己情绪稳定。这么做的目的,是在心里面解构掉你和他的"强者—弱者"关系，阻遏自己产生"高档—低档"的心理反应，让他身上的一切信息，首先要过你大脑这一关，并把它们阻挡在你的大脑之内，而不是直接就绕过你的大脑，刺激到你的心理。

古希腊有个叫希罗多德的历史学家，曾经讲过这样一个故事。古波斯的国王大流士喜欢旅行，对在旅途中碰到的各种稀奇古怪的事情非常好奇。他发现，有个印第安部落习惯吃他们死去的父亲的遗体；但是，希腊人绝不这样干，希腊人是把父亲火化，认为这是最自然的了。有一天，他就召集宫廷里的希腊人，问他们是否会吃他们死去父亲的遗体。希腊人大感震惊，说即使给他们多少钱，他们也不会干这种事情。然后大流士再把一些印第安人叫进来，问他们是否愿意火化他们死去父亲的遗体，这些印第安人极为惊慌，告诉大流士，最好不要再提这种可怕的事情。

这个故事想说明什么呢？说明不同的社会，不同的文化，有不同的道德准则、习惯和生活方式，你熟悉了自己社会玩的那一套，认为是正常的、天经地义的，那并没有什么。但是，假如你碰到了另一个社会的人，因为别人玩的和你不一样，你便认为别人很奇怪、有病，那就是你的问题了：一说明你孤陋寡闻；二说明在思维上，你真的有些问题，总是假想自己与众不同。可事实上，在别人眼中，你一样奇怪、有病。

根据这种启示，人类学家在离开自己的社会，跑到深山老林去和原始民族接触进行"田野调查"时，一定不能用自己社会玩的那一套去观察和解读原始民族的思维、习俗、生活习惯。他必须在心理上斩断和自己所在社会的联系，只带一双眼睛去看，只带一个大脑去思考、解读。如果不这样做，就会影响他看到事物的真相，使自己的"科学研究"沦为一场自我欺骗。

正因为如此，人类学的大佬摩尔根在写《古代社会》时，甚至跑到原始人那儿去住了四十年。不得不说，这位仁兄在斩断和自己社会的心理联系上，对自己够狠的。

　　从方法论上，我们破除社会优势排序的第一步，大致也是这个意思。这个一开始会有点儿难度，但没关系，我们继续第二步，找到他暴露出来的缺陷。

　　上面已经说过，一个利用衣服、装饰、名气、金钱、地位、神色把自己包装得高档无比的人，基本上是因为不敢把真面目示人，这样的人在心理上都不自信。而任何包装都不可能完美，都有漏洞，都会暴露出一个人平凡、普通的一面。古希腊有个神话，说有个英雄叫阿喀琉斯，牛叉得很，刀枪不入，有金刚不坏之身。但他有个致命缺陷，就是脚后跟非常软弱，结果，在打架斗殴中他砍死无数人后，被高人识破他的缺陷，用箭射中脚后跟而死。

　　有位电视嘉宾讲过一个故事，他应邀参加一个电视访谈节目，主持人是个女人，长得倾国倾城，美貌无比，气质也是高雅得不得了，让他有些自卑，甚至有点儿语无伦次。但是，很快他就找到了自信，原因是他从上往下扫描主持人的身体后发现，这个高档的美女居然有一双大脚，而且不穿丝袜，脚背粗糙。这一发现让美女在他面前被"祛魅"了，原来她不是高贵的仙女，而是和他一样的普通人嘛。他迅速找到了自信。

　　破除社会优势排序的第二步，就是要尽可能地快速捕捉一个人可能暴露出来的伪装成分，以及身体、身体包装可能暴露出来的任何缺陷，把对方从一个领导、老板、名人这样的社会角色，还原成一个人，一个和你一样的普通人！

　　16世纪的法国人文主义思想大佬蒙田提醒我们，达官贵人之所以看起来比我们高档，那是因为他们脚上穿了高跷。他谆谆教导我们说："一个人可以仆役成群，身居漂亮官邸，施展巨大影响，拥有巨额收入。这一切可能都是他的身外之物，而不是他自身之物……甩掉他脚上的高跷，测量他的实际身高，让他抛开他的财富，剥掉身上的饰物，以赤裸的状态与我们相见……"

一个可以吓住心理弱小者的人，一般是用这两个步骤来让自己在社会优势排序上处于高端：一是在社会上"打拼"，谋取金钱、权力、地位、头衔，这些东西是一个人表演的身份"背景"；二是在早晨出门之前，尽力包装自己，它是一个人表演时的"形象设计"。"背景"和"形象设计"都对一个人进行了"魅化"。

你要干的事情恰恰相反，就是把他苦心经营的这个"魅化"过程还原回去，袪他的"魅"，把他打回原形！

我强烈推荐这种心理强大的训练。因为，这不是意淫，不是阿Q兄弟玩的那一套精神胜利大法；它也不是佛教的那种看破人间万象，一切都是浮云；它也不是很多心理励志类的书所鼓吹的那种"自信"，这类东东除了短时间内给你一种"勇气"以外，给不了你多少东西；它更不是那些什么禅学哲理、中国古典智慧之类的玩意儿，这些东西教人活得"糊涂"一些，其本质不过是像我前面说过的，为了不痛苦，人不妨变得像猪一样不思考，这是退化。一个成人为了摆脱心理痛苦，于是在心理上变得像幼儿一样，这叫"退行"。

除此之外，这种训练具有一种颠覆的乐趣，很好玩儿的。想想，当你剥去一个人身上"强大"的属性，越过这些表象，发现他其实也很虚弱时，一种快感是不是在心底里油然而生？

你也许会认为，这么做是有风险的。万一你不能很好地控制自己的反应，被和你打交道的"成功人士"捕捉到，得罪了他怎么办？"成功人士"一生气，后果就很严重。

可能会有这样的问题。所以,有第三步。我要说的是,别紧张,你有足够的回旋余地。

我想请问一下,当你在街头看到有个乞丐乞讨,你丢下一块钱给他时,在你的大脑和心里发生了什么?你一定有一个心理,那就是同情心;同时,你也一定有这样的认知,那就是他不是一个职业骗子!但是,这种心理和认知并不是和你丢一块钱的行为同时出现,而是构成了你行为的背景。正因为它们是行为的背景,或许,你有时候都意识不到它,使丢钱的潇洒动作就像自动反应一样,干净利落,绝不拖泥带水。

我们从中可以获得什么启示呢?很简单,正如一个成功人士让我们自卑,于是我们带着自卑的心理去和他打交道——或者换句有术语的话说,正如成功人士比我们高档,构成了我们和他打交道的心理背景一样,我们也可以把他"祛魅",并纳入我们和他打交道的心理和认知背景。

这就是第三步要干的事情:把他的那些"魅力"剥去,然后纳入心理和认知背景,填充原来他在你心里很牛叉、让你自卑这一心理背景被前面两步驱散后留下的空间,并且非常重要的是——仍然以你的角色去和他的角色打交道。

一边解构掉成功人士包装出来的"自我"——他所扮演的角色,一边又仍然以你的角色和他打交道,这是否逻辑错误?可能吗?

完全可能!两者是有时间顺序的。看破他强大的幻象,解构掉他这一角色后,在你的心里,他就不再牛叉,你已经解放了。此后,你全身轻松,在智力上完全可以正视他是个什么角色,调动自己去应对。

玩转"心理竞争"

在这个世界上,不参与过心理竞争这个游戏的人恐怕不多。

不夸张地说,除了早已"跳出三界外"的隐修者、意识混沌一片的疯子等少数人,任何一个有自我意识的人都逃避不了这个游戏。

在现实生活中,心理竞争可谓泛滥成灾。人们在消费上竞相攀比,唯恐自己穿的用的没别人的有"档次";当一种"流行"被大众所效仿时即迅速贬低,人们必须开发新的款式和方式;日常交往中,人们尽力维持一种"体面",力图让自己的寒酸不见诸于世;在发生各种联系时,人们努力让自己的行为和语言符合社会公认的标准,免得被人视为怪物。无论是工作、学习、玩乐,人们都在暗暗较劲,不甘人后;而打架骂娘,相互贬损,目的都是在心理上占赢头。

心理竞争不仅发生于行为范畴,也发生于观念范畴,可以这样说,文化与文化之间在价值上的比较,民族与民族之间各自对民族图腾的神圣化,国与国之间在各方面的较劲,都是心理竞争的反映。甚至连文人学者的论争也有很明显的心理竞争色彩,观点的较量常常被转化为存在价值上的较量而发生心理竞争。人们在争论时常常不理性，一个重要的原因即在于此。

心理竞争这个游戏老少皆宜，是一个全民参与的热门行当。从理论上讲，当一个人在大约三四岁有初步的"我"的意识时，就被卷入了游戏中。这个游戏贯穿于人的一生中，至死方休。游戏内容可以随着社会结构的改变而改变，但游戏规则却很难改变，或者说起"王牌"作用的那个核心规则几乎无法撼动。人类可以把地球搞得乌烟瘴气，但作为一种"高级动物"和一个"社会人"，他只能乖乖地被一些生物本能和"社会本能"驱动而运转。

正如弗洛伊德所说的人在"自我"的房子里都不是自己的主人那样，在心理竞争这个游戏面前，人也不是主动者。即使他能在游戏中胜出，也被游戏牵着鼻子走。

何谓心理竞争？简单地说就是人与人之间在心理上的相互较量，其目的是保证自己在心理上处于优势。它和"竞争心理"表达的不是一个意思，后者竞争的不是"心理"，而是一些被人奉为价值的东西，比如职位；但竞争后果可以在心理上反映出来。它也不是"心理博弈"。"心理博弈"主要是一种达到某种目的的策略，它只是表现了对心理规律的利用，与"心理竞争"不是一回事。"心理竞争"也不能顾名思义理解为是对"心理"的竞争，而是对心理优势的争夺。什么是心理优势呢？心理优势对应着一个人在社会中的地位、档次、品位等，在一个给价值进行排序、使价值呈现层级特征的社会中，地位、档次、品位等因素恰恰是这个人的"价值"的体现，所以谁有了它们，就有了心理优势。因此，进行心里竞争的目的，就是为了在价值排序上尽力往上攀登。

弗洛姆曾运用"心理生存"这个概念来说明人类诸多变态行为的深层动机。正如人在生理上要活一样，在心理上也必须活，所谓的自尊、面子等，不过就是要谋求心理生存的通俗表达。一旦一个人在比较机制的驱动下在一个比较领域或结构中被证明自己没有能力、地位、金钱、品位、礼貌等，他的存在价值就会遭到否定，他就有一种强烈的挫败感，在心理上就很难生存。

人们之所以要在心理竞争中获取心理优势，就是因为心理劣势的处境将让他不堪承受。故而，人生下来，就像是被投入了一场在他人面前显示自己有"价值"，至少也是在和比自己更惨的人相比有"价值"的战斗中。在很多时候，除非他在心理上能成功地制造幻觉，才能自己确认自己的"价值"，否则这种"价值"必须通过外在的证明，即通过对社会物品、社会资源的占有与他人进行比较。

03

重生的真相

一个人的现在,其实已经预示了他的未来。

高手是不可威胁的

排序低的人，天生命贱吗？而且，永远如此吗？

一个人出身于社会下层，要想爬上去已经很难了，仅仅是努力已经改变不了太多东西，而在这个过程中，他还要在心理上被别人吃掉。只要他穷，只要他丑，就是说，只要他在社会优势排序上位于低端，立马就会受到鄙视、嘲笑和羞辱，而这一切，似乎都是应该的！而我说的是不！

一个社会优势排序低的人一旦醒来，也就是意识到自己的弱者处境，凭借人的本能势必要改变。一些中国的著名作家，比如获得诺贝尔文学奖的莫言，当年走上文学道路，不过是为脱离原有的劳力阶层而谋求有一个更加体面的工作，只不过他具有天分后来成名成家而已。我们平时老是说某人混得越来越好或者越来越差，也就是依据社会优势排序做出的判断。

如果这就是命运的话，那么，我们可以称之为改变命运。一个弱者要想改变命运，除了认清这个世界之外，还有一条是自己可以把握的，那就是对自己狠一些。

有对自己狠的人吗？当然有，而且很多。

在电视、电影上，我们经常看到这样的镜头：两伙玩黑道的人，A帮派和B帮派，在一个地方准备打架。从实力上，A帮派稍占便宜，所以，如果大家对砍，很可能是B帮派玩完，但A帮派也会付出极为沉重的代价，即使没有彻底玩完，那大多数人也会挂掉。

请问，在这种情况下，这两个帮派的老大和兄弟们敢不敢砍，希望不希望砍？

内心里肯定是希望不要对砍的！

但是，假如他们原来就有什么莫名其妙的仇怨，而A帮派感觉没有面子，需要B帮派服软给一个面子呢？怎么解决这个既不希望对砍，又要得到面子的问题？

这是一个难题，接过这个难题的，是B帮派的老大B先生。

作为帮派的老大，当别人找上门来讨说法、作势要对砍的时候，表示服软，开什么玩笑？在兄弟们面前怂了，这个老大还当不当了？但是，如果不服软，A帮派老大A先生及他的兄弟们的面子没有得到，没有台阶下，那肯定会引起流血冲突的，会发生重大的伤亡事故。

玩黑道就是在玩狠，在两个帮派对峙但还没有对砍的时候，必须有狠的气势。狠气势一丢，那就输了。所以，在这种场面下，留给B先生的选择绝对不是服软，而仍然是玩狠。

注意了，玩狠，并不只有对对方狠这个选择，一个人也是可以对自己狠的！

所以，当双方对峙的时候，往往会采用这种解决问题的方式：B先生拿出刀来，在对方没有料到的时候，突然对自己的大腿上猛扎一刀（个人不建议采用砍自己的一个手指头或一只手的方式，砍了就长不出来了，这个建议供各位老大参考），然后，忍着痛苦，眼睛威武、挑衅地瞪着A先生。

A先生一瞬间傻了，没有料到对方会这样玩，但马上恢复神态，感觉得到了面子，说了几句，带着兄弟们走人。

这是一个双赢的策略，是在双方实力不对等，但也不悬殊的博弈状态中都能保存实力、得到面子的经典玩法。B先生玩自残，对自己那么狠，狠的气势并没有丢，还是具有老大风范的。

心理上的原理在这里：

一方面，他震慑了一下A帮派，使他们在心理上输了一着，处于劣势——想想，一个人对自己都可以这样狠，这种狠的程度明显比别人高出一个量级，他能怕谁？这是一个信号：不要逼他，否则，真要对砍，对方一定吃亏。当A帮派被他震慑住的时候，在那样的情境中，心里已经虚了。

但实力还是在的。所以，你震慑了别人，也要给别人一个台阶。这个台阶就是B先生的自残行为。这又是一个信号：我虽然够狠，但扎的是自己，你可以看笑话。这个信号让A帮派有了心理上的优势，被震慑后得到了补偿。

这样，A帮派心理上的劣势和优势相互抵消。双方都没有失去面子，同时又都有了台阶下，不需要对砍了。

从这里可以看到，对自己狠，也是一种能够震慑别人的博弈策略。

黑帮老大对自己狠，是拿自己的身体器官开玩笑，看起来很英雄，但在有文化的人看来，不过是动物的层次。

我看了电视剧《北平无战事》后有一个感受，就是剧里面是一群高智商、高情商，并且不缺乏教养的人的博弈，这是高手之间的过招。

中上层社会就是不一样啊。

即使这些人要玩狠，也是镇定的，不需要靠手势、动作来表现，靠语言就可以完成。他们的狠，表现的是一种内心的强大。

比如，在电视剧《潜伏》里，谢若林对李涯说，"只要你一枪打不死我，我活过来了,我还能和你做生意,只要价格公道。"这是一句狠话,但这种狠,是内心强大的狠。

这句话无论是从语言的指向上,还是心理上,都对别人没有威胁。所以,请李涯同志放心。但是,它同时又传递出这种强大的力量:我是不可被威胁的,因为你对我的威胁没有任何意义,生和死对我来说不是考虑的问题,我考虑的只有生意,这个也是信仰,有这个信仰的人,像你有别的信仰一样,是超越了生死的。同时,它也暗示,你也需要我,对吧?

看到没有?这句话对于人的心理来说,具有相当强大的说服力。对这样可以对自己狠到超越生死程度的人,你只有佩服。

当然,这是一种档次比较高的对自己狠。我们在今天所碰到的狠人,更多的并不是这种人,同时也不是黑帮老大。我们碰到的对自己狠的人,主要是一些施虐狂、心理被破坏的人、自杀者,等等。

对别人狠,可能是一个人天生就不是什么好鸟,但更可能是,在既有的社会机制下,道德感并不强的他,必须强迫自己变成一个狠角色。

一个人对自己狠呢?

我想说,他们都是道德上的好人。当别人对他们狠的时候,他们尽管心理上很受伤,但做不到对别人狠。于是,把账算到自己头上,通过对自己狠来疗伤。

正因为如此,对自己狠的人,最容易有神经症,但很少会心理变态。

一个铁的心理规律是:对别人狠的人,一定已经先对自己下了狠手;而一个对自己狠的人,往往不可能去对别人狠。他们的心理问题,往往是心理扭曲,心理变态,而不是得神经症。

原理是很简单的,我们是人,有人性,和另一个人有人性的联系。所以,当我们看到别人痛苦时,会有同情心,会痛苦。同时,我们也有自我,如果我们尊重自己的自我，就必然也会去尊重别人的自我。

好，如果一个人，看到别人痛苦时并不同情，甚至为了满足自己的利益和心理需求，还去对别人狠呢？那只能说明，他已经斩断了和别人在人性上的联系，甚至已经没有了人性。他不尊重别人的自我，也意味着，在此之前，他已经杀死了他的自我。

低手被本能控制，高手控制本能

没有人自甘平庸。那怎么才能不平庸呢？对此，我的回答很干脆，就四条：

（1）你要想办法让自己的思考超越所在环境的平均水平；

（2）你得有责任感；

（3）你得学会让自己内心强大一些；

（4）你得超越大众的低层次趣味。

不知道你看出来了没有，它们分别对应于一个人的头脑、人格、心理、品位。换句话说，你要想不平庸，就不要在这几方面搞得像很多平庸者那样。

有很多人，从他的言行、趣味中，我就知道他这辈子可能就那个样了。一个人的现在，其实已经预示了他的未来。

我想说一个故事，这样的故事，我一辈子都不会忘记。多年前，我在某大型国企工作。先替消耗了我多年青春的老东家打一下广告吧。

这家公司现在年销售已有四百亿元，掌握了全球范围内某工业领域最先进的技术和生产工艺，当然，还有非常多的自然资源，职工加起来应该还不到七千人。当年我在的时候，人数三千多，正向百亿企业冲刺。

广告打到这儿，我的一位老同事，也是好朋友出场了。

当时他是公司下面一个分厂的车间主任，人相当聪明，有玩技术的天赋，年龄比我大一点。

有一天，因为工作关系，我去了他的车间办公室，一进门，就见到了让人吃惊的一幕。

他正在厉声训斥手下一个职工。此工人似乎是在生产上做错了什么事（他是车间的操作工），低垂着头，不敢直视朋友的眼睛，显得窝囊、可怜。偶尔一句声音不大的辩解，都遭到颇有气势、逻辑清晰的驳斥。

在各地的政府大楼里，公司里，这样的场景司空见惯。但为什么说它让人吃惊呢？是因为，这位职工身材高大，长得确实帅，年纪40左右。而我的朋友呢，年龄上小了不少，人长得矮小，戴着眼镜，就像毕业没多久的学生。对比是相当强烈的。

那一瞬间我产生了一种悲悯：身材高大，长得帅，如果没有实力，而是一个平庸的人，这样的一具好皮囊又有什么用？

我发现，在我朋友面前，这位可能走在路上都能引起一些女生尖叫的男人，就像是一个犯了错误的孩子。这说明一个人能力上、头脑上、心理上、地位上的实力，决定了这一切。

我的朋友并不是施虐狂，有一小点权力就要威风的人。恰恰相反，他是一个内心自信，藐视权力的人。只有内心因为有实力而自信的人才能消除对权力的本能敬畏。我们之所以能成为好朋友，除了气质相投之外，另外的一点大概是都佩服对方身上的某种天赋。

那天，我对高帅不富的那位同志产生了兴趣。我想探究，他为何只是一个如此平庸的角色，这一切是如何发生的？

很快我就明白了。在食堂里吃午饭时,我听到了他和其他几个工人关于生产事故被扣钱的抱怨,然后,变换话题,脸色随之变化,他们相约晚上一起打麻将。

一个人暴露他是什么人,几句话,几个动作就够了。

他也许真的永远也不明白自己的言行,会在自己的心智上,进而是人生上产生什么样的后果。

你可能要问:因为生产事故被扣钱,抱怨一下有什么奇怪吗?是的,不奇怪,它可以说是高帅不富职工等人的利益本能,太正常了。但问题也在这里,平庸者无法超越他的这种本能,本能对他的控制,已决定了他的高度。但像我的朋友一定会问一下:这是否因我的责任而引起,是否是我某方面的无能?

一个真正有实力的人,会心甘情愿地接受对自己无能和责任感缺乏的惩罚,但平庸者绝对不会,他们根本不敢面对自我。

我想说,平庸者的言行和趣味只能进一步固化他的平庸,直到将他套牢。高帅不富等诸位同志似乎从来也没有想过跳出这个平庸者的套路。这个套路就是从来不去从精英的角度看问题;从来不去培养自己对人生,对他人,对这个世界的责任;从来不去训练自己的心理洞察力和心理上对环境的超越能力;从来不去摆脱大众的低层次趣味。

年轻时,高帅不富先生是这么走过来的,在头脑上、人格上、心理上、趣味上,已经预设了自己这一生只能是什么人。他的人生仍会这样走下去,直到终点。

不错,从趣味上来说,我的朋友,一些企业管理者也打麻将。可是,有实力的人搓麻打牌,只是休闲,只是走亲民路线,只是用于拉关系,他们从来不会忘记自己的正事是什么,而这些职工的打牌,却是生活,是生活意义所在！

仅仅从层次上说，他们就已经被我朋友这类人甩了几条大街了。

很多年过去了，我的朋友早已担任公司国际部的项目经理，年薪上百万，大赚洋人的钱。而那位职工呢？仍然在那个分厂，仍然只是一个操作工。因为公司不错，生活过得当然也算安稳，也属于"有房有车"一族（那公司凡是正式员工，只要工作满几年，应该都是"有房有车"的了），没有沦落到像某些单位职工的那种命运，买断工龄，然后因为年龄大和技能单一而失业，跌入社会底层……

可是，能够摆脱这样的命运，并不是实力够，而是运气好，是有一棵大树庇护。

对于运气不那么好，没有大树庇护的人来说，想要平庸，不仅人生理想不允许，实际的生活可能都是不允许的。

"自娱自乐"是独属于高手的游戏

有位硕士研究生毕业后,找不到他想要的好工作,只好回家种地,然后他父亲承担不了各种压力,服毒自杀了。当然,没有死,被救活了。

他对自己如此下狠手,但没有看到其子在内心的变狠。网上那些只是知道骂教育体制的人,同样也失去了去看到的能力。

失去责任的选择

在这个世界上,一个人可以自私,但是,如果用"梦想"来包装自己的自私,那就很可怕。

这位硕士研究生苗某,正是这种人。

悲剧并不是他找不到工作(他曾在某双语学校工作过,也有中学联系他),而是想找的是"收入稳定"的工作——且工作环境又适合他实现"文学创作"的伟大梦想。

而这种理想的"收入稳定"的工作，就是所谓的"铁饭碗"——当公务员或进事业单位。做一个教师或做其他，好像就会挡了他实现"梦想"的道。

多么伟大的梦想啊。但纳税人拿钱去养一个在政府机关事业单位搞"文学创作"的，显然不可能。

我注意苗某说了这句话："每个人都有一个人生梦，我的梦就是创作文学。"

苗某在今天还用它来表达，无异于一种自我暴露：一个清高迂腐，自卑自恋，自怨自怜，思维还停留在上个世纪的小文人。

一个人有"创作文学"的"梦想"当然没什么不好。但是，对于苗某来说，他已经超过40岁，家里一贫如洗，老父有病，正期待他来改善家庭的贫困状况。对于他来说，要做的，就是担当起一个儿子，一个男人的责任，先找个工作养家糊口——而这样，也并不会妨碍他的"创作文学"！

但他好像不知道有这样的责任。

同时，他好像也不懂得去预知一下他回乡务农可能对父母的伤害。他不愿意去理解父母对自己投入了多少期望，以及自己这样会不会成为别人嘲笑父母的把柄。

这是一个从来就不愿意为别人考虑一下的人！

而更让人悲哀的是，在不能进政府和事业单位搞"创作文学"后，当一个"农民研究生""农民作家"，他还可以想象是为了文学的梦想、理想。

他受到了这个社会的漠视,但始终坚持着"理想"。经由这种想象,自己的人格瞬间崇高起来。我曾经说过,一个没有道德的人,一定是一个内心被破坏的人,强迫自己变狠的人。这里指的,是那些羞辱穷人的人,是那些暗算别人的人。还有一类人,他们不会去主动攻击别人,但却无视自己对于他人的道德义务,从而消极地对他人构成伤害,这类人,无一例外是有人格缺陷的人。

把亲人押上赌桌

苗父的自杀,除了绝望,或许还有"巨大压力",它就来自于"社会优势排序"这个恶魔。

一个人只要屈服于社会优势排序,心理问题的门就会向他打开,他就会不得安宁。如果社会优势排序的挤压让他在心理上难以生存,甚至可能通过自杀来逃避。

屈服社会优势排序的人,最喜欢和别人进行心理竞争赌一把,而可以衬托自己价值的东西都可以是赌资。很多人喜欢比谁的儿子有出息就是这样。儿子出息就意味着他比对方社会优势排序高,在心理上就可以压倒对方。

但如果儿子最终还是没有"出息",在社会认知中成了一个笑柄呢?

我们还原一下苗某刚考上研究生时的可能情境:

文凭在社会优势排序中是处于高端的,可以转化为其他稀缺资源或和它们交易。一个研究生,可能在城市社会优势排序中不高,但对于一个小山村来说,还是很不得了的。而苗某是他们那个村有史以来的第一个研究生。

所以,他考上研究生,村民一定有这样的想象:哇,有出息了。

对于苗父来说,苗某考上研究生,心里肯定是乐翻了天。因为"儿子是研究生"这个属性,给了他希望,在众乡亲面前,也具有了心理优势。

而有的村民无论嘴巴说什么,多少会有因为自己和苗父在心理上的关系有了一点改变后的心理落差。从苗某回乡后的"闲言碎语"中还可以判断,有的人甚至在当时羡慕嫉妒恨。

如果一个我们很熟悉的,在心理上没有压倒我们的人,突然之间飞黄腾达,或混得比我们好,我们就会感受到他对于我们的心理优势。为了在心理上保护自己,我们就有一种阴暗的心理,期待他倒霉。

对苗某考上研究生羡慕嫉妒恨的人,早就等着他没有出息的那一天到来了!他在当初越是心理受挫,越是等着要看苗某父亲的笑话。

按照社会优势排序,苗某以"研究生"的身份回村种地,无论自我想象为什么浪漫的"耕读"或坚持"文学梦想",终究是一种失败,一个笑话。这是无法否认的。它等于狠狠地扇苗父一个耳光。苗父当初越是拿他当骄傲,拿他当和别人进行心理竞争的资本,这个耳光越响亮。

苗父一定感觉得到别人在看着自己的笑话,而根本没有任何底气回击。

疾病、绝望、社会优势排序的压力,一个老人是无法承受的。寻求解脱,成为他的选择。

所以,一个人得明白,如果你的东西不为大家欣赏,不让他人有益,无论你认为它多么伟大,终究只是你的自娱自乐,为之埋单的,只能是你自己(也许还有亲人),社会没有这个道德义务。而要玩得起自娱自乐的东西，得在你牛叉以后。把自娱自乐的东西看得多么伟大，把自己的人生也押了上去，是极不明智的。

敢于面对自己是多么的重要，无论你多么惨，只要你敢于面对自己，你还可以站稳，你还可以从站稳的地方开始。而如果不敢面对自己，谁还能拯救你呢？

高手都敢于剖开自己给别人看

许多人对"精神分裂"都有过体验，哪怕是微弱的体验。

比如说，一个人在上司面前，由于利害关系，由于害怕，不得不把他真实的自我、真实的想法掩盖起来，戴上"人格面具"，用另一张脸言不由衷地去应对上司。他的那张脸其实只是一个伪装出来的面具（当然上司也不是用本来面目和他打交道）。实际上，我们在社会上所看到的每一张脸都有可能仅仅是面具。

假自我就是这样取代人的真实自我，进而控制我们的心理生活，主宰我们与世界的联系。

精神病学家莱恩认为，人与世界的关系只可能处于以下两种不同的状态：

一种是自我真实地感知对象，自我体现出来的感情是生动的，让人感觉是有要点，可把握的；自我所承诺的行动是真实的、真诚的。你和你的朋友讨论问题时，就是这样。

而在另一种状态中，个体把自己与他人的所有交往都推诿于一个假自我系统。这个系统包括在他的存在之内，可并不等同于"他"；这个假自我系统只能体验到不真实的世界。这也就是说，在人和世界的关系中，知觉和行动的大门钥匙并没有掌握在自我手里，而是被假自我所控制。这假自我作为一个心理系统，阻碍、排斥真自我与世界联系的参与。

莱恩将人与世界关系的第二种状态称之为"精神分裂症"。准确地说，多数人处于这两种状态之间，并偏向第二种状态。在心理上，我们往往不是自己的主人。

这也就是说，在这个世界上，有很多人实际上是用一个假的自我在与自己和他人打交道。从哲学上讲，这种存在就是"异化"；从心理分析上讲，它既是一种神经症的"症状"，同时又是各种"心理症状"的根源。

如果镜子中看到的不是自己，或者说一个人并不是他真实的自己，那么，他的那个被他体验和表达为"我"的东西是什么，就非常值得玩味了。

我曾经问过三个人同一个问题，分别为大学生、公司白领和公务员：假如有个人无端地辱骂了你的朋友，你站在一边，骂人者并没有看到你，也没有骂你，你会生气吗？如果你生气，为什么？

这是一个"思想实验"，这类实验在政治哲学上屡见不鲜。所以为了说明问题，我出题有些极端，并把它搬到了精神分析上。

一开始，我没想过这种"思想实验"会让他们都受不了，纷纷说"这个人变态""他神经病"等。我再三解释，请他们不要作任何好坏之类的价值判断，而只是正视这样的事实：自己到底生不生气？如果生气，追问一下自己生气的原因。

他们都说自己肯定很生气，但解释为什么生气却让我啼笑皆非，都是"因为他骂了我朋友"。我告诉他们这不是答案，只是提供的"事实前提"，把已经提的事实前提当成答案，这是答非所问。

我告诉他们，如果能够把这些日常生活中的现象当成一个真正的问题进行思考，一个人就会逐渐打开认识自我的大门。

我说，如果一个人骂了你的朋友，我们可以观察到，这个人是在向你朋友"发送"有价值判断的语言指令，他并不是在向你"发送"。那么，很显然只可能会在你朋友那儿激起反应，怎么可能让你很生气呢？学生和白领脱口而出：这相当于是在骂我。

不错，这就是答案。骂他们的朋友，在心理上等效于骂他们，因为他们已经把朋友纳入到了他们的自我结构，朋友变成了他们自我中的一部分。

正是通过把朋友纳入自己的自我结构这一心理机制，他人对朋友的"刺激"才可能会在自己心中引起反应。也就是说，在心理上，即个人刺激的并不仅仅是他们的朋友，还有他们自己。不管自己或朋友在不在现场，在他们的心理上都是"在场"的。

我们常常听到有人说"他和我无关"之类的话语。这意思有时候是"他并没有纳入我的自我结构"。朋友可以变成我们的自我，亲人当然更是了，那么，还有什么东西可以变成我们的自我？

人是"存在者"。我们确定一个人存在的思维方式是：因为他叫张三，是一个男性，是南方人，是大学生，身高一米七，很胖，穿夹克……这些，就是一个人的"存在属性"，它包括一个人的生物属性和社会属性。

一个人拥有无数种存在属性，它们绝大多数都是社会属性，也就是说是通过一个人在某个社会的存在而获得或被强加的。比如，我生在中国，当然我就拥有一个"中国人"的存在属性了；我是南方人，"南方人"也是我的存在属性。对于很多人来说，他们体验自己和他人的存在的方式不是体验存在本身，而是体验存在属性。人们只是在用名字或"那科长""这医生"去指称一个人。换言之，只是在说一个人的存在属性，不是在说他这么一个人。

剥去了存在属性的皮子，人们将不知道这么一个人是谁。

他被抽空了。他一无所有，也就一无所是。

如果一个人是一个医生，他就会把"医生"这种存在属性体验为他的存在。慢慢地，"医生"也就变成了他的自我。有人骂医生，哪怕不是在骂他，他也生气了。同样，有人赞美医生，哪怕不是在赞美他，他也高兴。

不仅仅是"医生"，所有的存在属性都可以被一个人体验为他的自我，因为正是这一切界定了他的存在。同样，价值观、偶像、物品，甚至宠物……一切在心理上对他有意义的东西，都可以纳入他的自我结构。

为什么两个争论问题的人，容易从争论上升为谩骂？争论原本只是涉及观点，而没有涉及人格。然而，一旦他们认同自己的观点，这类观点就会内化，变成他们的自我。自己的观点被质疑否定，在心理上也等效于自己被质疑否定。因此，不涉及人格的观点的较量，常常会变成人格上的相互攻击。不要说这种现象在网络上泛滥成灾，就是在正襟危坐的知识分子那儿，也屡见不鲜。

我在网上曾经看到有个女人谈她的心理问题。

她的男朋友才华横溢，但长得实在让人不敢恭维。不单是其貌不扬，而且个子比她还矮。他们感情不错，但有一个问题，就是长得很漂亮的女方很少答应和男友一起走到大街上。有时候一同出去，她眼光总是怪怪的，低垂着头，似乎害怕别人扫向他们的目光，陪他逛一次街对于她来说简直是一种要命的折磨。然而在家里，她感情却表现得非常热烈。

她说自己是一个很爱关注别人的意见的人，凡事都太过谨慎，比如要做什么事总是会先考虑别人对她的看法。

我强烈地感觉到，她只要一出家门，就再也不是她自己。她的生存典型地是一种"无我化生存",他人的目光已经完全主宰了她对自我价值的确认。她活在他人、社会的意见中,没有一个独立的自我来肯定自身。要获得心理生存,她要么就必须把自己和外界隔离开,要么就期待获得外界的肯定性评价。可是,她的男朋友的外貌实在"拿不出手"——最主要是在大街上,别人只看见他的外貌,而看不见他的才华,和他走在一起,在别人的目光中,她实在难以找到自身有价值的感觉。

换言之,只有在家里,她才有"自我认同",一出门,这种"自我认同"就崩溃了,换成了"社会认同"。她的自我早已急剧萎缩,被社会自我取而代之。

04

重生,从找出真实的自我开始

很多人忙忙碌碌,不停地做这做那,其实在很多时候,就是一个逃避和自我相处的借口。他非常害怕和真正的自我在黑暗中相会。

高手也需要寻求帮助，
但他知道怎么才能得到帮助

要获得某个具有一定权力或资源的人相助，找准他过去的自我，以及他对自我的态度非常关键！

有位美国资深励志达人编了这样一个老套得让人想呕的故事：

三个人一起去一家公司应聘一个高薪岗位，我们姑且叫他们为A、B、C。这三位哥们儿踌躇满志，志在必得。这能够理解，作为资本主义的忠实粉丝，获得了这么一个管理职位，中产阶级的幸福生活离他们就不远了。

面试是老总亲自出马，由他拍板敲定。

这是什么意思？完全是在强烈地暗示：老总不仅仅是公司老板这样的角色，他还是一个有私人情感、私人偏好的人。所以，你在他的私人情感、私人偏好上搞定他，职位也就搞定了。而人力资源那帮人，就只是纯粹的角色，拉关系套近乎之类派不上用场。

老总出马，当然不会玩那些摔一张纸在地面上，看应聘者有没有捡起来这类励志达人们已经编滥、编臭的小伎俩，更没有考应聘者的性能力，以防他们在以后包二奶养情妇，或染指老板办公室里穿着西装套裙进进出出的秘书。他是严肃的。但是，他有一个怪毛病，没有出一堆问题去考应聘者，而是请他们陈述，他们有何德何能可以胜任那个岗位。

书里说，A和B在老总面前，滔滔不绝地论证以自己的学历、职业经验、智力、性格等，完全符合职位要求——似乎这个职位天生就是为他们的存在而设的，老总不给他们，简直没有天理。

而C则不一样。一开始，他并没有大谈特谈自己在能力上是多么厉害，而是痛陈家庭的苦难史，尤其是他没钱读大学，在餐馆里一边打工一边自学的经历。他就差背出孟子"故天将降大任于斯人也，必先苦其心志……"这篇经典励志文了。随后，他话锋一转，变得无比自信，向老总表明，把这个职位拿给他，绝对没错。

你能想象职位最后是谁摘到手吗？从作者和我的描述中，你马上就会想到，是C！

作者想要告诉我们，在能力难较高下的情况下，一个人在竞争中有利的武器就是刺激起对方的情感。他说，C早有预谋，他早就探听清楚了老总原来的经历，也是曾经苦大仇深，在餐馆里刷过盘子。自然，C的遭遇以及不屈不挠的精神让老总看到了当年自己的影子，产生了好感，于是决定帮他。而A和B说的都是任何一个人可能都具有的东西，看不出他们独特的"自我"在哪儿——既然如此，他们怎么可能让人印象深刻？

我佩服这位励志达人，真会编故事。不过，我要纠正他的观点——老总绝对不是帮C，而是在帮自己！

作为补充对照，下面我要讲一个真实的故事。

当年我有一个朋友，虽然学的是理工科，但非常热爱哲学。放在今天，可以称之为"民间哲学家"了。你可以想象,在一个拜金的时代,这样的人怎么可能不被俗人们羞辱?

不过这些不重要。重要的是,他进了一家公司,在同事面前毫无顾忌地聊哲学。

虚荣心会害人的。不久他就发现,曾经对他很欣赏的老总开始变了脸色,偶尔还有语言上的攻击,比如嘲笑他是"哲学家"。最后,最具优势的他在技术主管职位的竞争中被淘汰出局。

我朋友不知道自己是怎么死的,沮丧地向我求教。

搞清楚他的老总当年是学哲学之后,我沉痛地向他正式宣告:只要你还待在这家公司,只要这个老总还在一天,你的发展就死定了。你的确没有得罪过他,但你热爱哲学的自我本身就是在得罪老总,这是最大的得罪!

我猜都猜得到,他老总当年在学哲学时,一定有过狂热,完全以哲学中的那种思维和价值理念来看待现实世界。但是,很快栽了跟头。于是,为了爬上去,他必须信奉利益追逐的那一套(好像人们也叫它"哲学"),并以全盘否定那个"哲学"的自我,骂它"傻叉"作为利益争夺的资格许可。

时隔多年后,当我的朋友以一副"哲学"的样子出现时,无异于当年的老总的复活。老总一眼就从我朋友身上认出了当年的自己,正如在励志达人编的那个故事中,面试的老总从C身上认出了当年的自己一样!

但是,C可以借助这一点,进入中产阶级的美丽新世界,而我的朋友却完全是在找死。

为什么?

原因在于,我朋友的那个老总为了利益而杀死当年的自我时,会有一种负罪感。为了消除这种负罪感,他就必须恨当年的自我,以此在心理上说服自己,这样选择是正确的。但同时,在心理上,既然利益的获得只有杀死当年的自我才能得到,那么它的复活对于他的利益就始终是一个噩梦般的威胁,他对它又非常害怕。

他的心理逻辑是:有过去的自我,就没有今天!一推,在心理上就变成:如果过去的自我还干扰我,我今天的一切就会受到威胁!

所以,我朋友不会有什么活路。在职场上,隐藏真实的自己乃是一种自我保护,因为职场只是一种角色关系,与人格无关。遗憾的是,他没有。

而 C 之所以让老板录用,原因就在于,老板并没有忘记和否定当年苦难的自我,相反,他把当初的那个自我看成了自己宝贵的一部分。帮助 C,是在向当年的自己"鸣礼致谢"。他的心理逻辑是:没有过去的自我,就没有今天。

要获得某个具有一定权力或资源的人相助,找准他过去的自我,以及他对这个当年自我的态度非常关键!在我朋友的老总和 C 的老板这两个极端之外,还有一种人,处于中间状态,需要仔细识别。

这种人当年也好某一口,比如,具有理想主义气质、热爱文学、热爱哲学,等等。后来,为了生存,为了发展之类,他们看起来不玩,也不谈这些东西了。但是,他们并没有否定当年的自我,而只是把那个自我收藏起来、隐匿起来,不让外人看见,把理想无限推迟。在内心深处,他们只是留下了遗憾,还有对自己不能一直坚持的自责。

这意味着什么?意味着假如你让他看到当年的影子,他一定会帮你!因为,他们没有杀死当年的自我,你的出现不会威胁到他们。相反,他们的自责和遗憾,一直需要得到补偿和消除。而你的出现,恰恰让他们寻找到了一个替身。通过帮你,他们在心理上也帮到了自己!

什么叫贵人?C 的老板和这类人就是贵人!

低手依靠假自我，高手依靠真自我

假定办公室有几个同事，因为你善良而欺负你，总是阴暗怪气地贬低你，背后还说你坏话，你肯定不舒服，有愤怒，但又不能撕破脸发作，毕竟你可能内心弱小，而且后果你也难以承受，于是，你又有点儿害怕他们继续对你这样。

怎么办？为了解脱，你有了三种另外的心理反应：在他们还没有欺负你时，你就先害怕；你想是不是你确实太差，不合群所以别人才排斥你；你想，别人伤害你，是让你成长，所以你应该感谢伤害你的人。

好，我想请问：在你的这些心理反应中，哪些是真实自我所产生的，哪些是假自我所产生的？

答案非常清楚，在别人欺负你，而你感到不舒服，有愤怒时，有害怕时，你的自我是真的。为什么是真的？很简单，因为这些情感，都是自然情感。

而当你"先害怕"时，当你认为是自己确实太差别人才排斥你时，当你要"感谢"伤害你的人时，它们并不是自然情感，而是心理保护的结果，是假自我产生的情感。

不错,"先害怕"是一种心理保护,认为自己确实太差也是心理保护(合理化),"感谢"伤害你的人,看起来很伟大,但也是心理保护。

自然情感和心理保护是两个非常重要的概念。在我的"三体心理"和六维性格学中,"心理保护"是位于核心的概念,它是打开人类心理秘密的一把万能钥匙。

我们有了第一个判断,一个人的自我是否为真的标准:在这样干时,他产生的是自然情感,还是玩了心理保护?

第二个标准是,在做一件事时,无论你是否意识到,如果你只是在扮演一个角色,这个角色就不是真实的你,因为你其实是一个演员。

"世界工厂"广东东莞有一个老板,为"东莞十大慈善人物"之一。哪儿闹水灾,哪儿闹地震,他总是慷慨解囊。他有没有学著名表演艺术家章子怡慈爱地抚摸着孤残儿童泪流满面,不得而知。但你可能想都想不到,在这么一个大善人手下累死累活干活的工人兄弟连社保都没有。注意,没有谁规定,这位老板一定要当慈善家,但是,国家却规定他必须为工人买社保。你说那个"慈善人物"代表老板真实的那个自我吗?

第三个标准:一个人的"自我"是用来让内心有力量的,还是用来把内心破坏的?

一个人的真自我永远和他的内心联系在一起,而"假自我"则和内心没有什么联系。

假如一个小孩儿因为害怕父母打骂,按照父母的要求变成了一个"听话的孩子",那么,非常有可能,这个"听话的孩子"并不是真实的他,但他一定会想象成是他真正的样子。而原来那个真正的他,他已经不敢体验,甚至不敢再承认和记住,因为在父母的打骂威胁下,这样做在心理上非常危险,非常痛苦。久而久之,他会发展成这样一种情况:不仅以"听话的孩子"

这样的形象来面对这个世界，而且在心理上也以这个"假自我"来和世界打交道。

这中间发生了什么呢？就是这个孩子的真自我，在他的心理结构里被驱逐、压抑到了内心的黑暗深处，很难唤醒。他的心理结构，就这样被"假自我"所驱动，代表了"他"。

你一定有一个疑问：为什么说"听话的孩子"这样的"自我"是假的？"听话"难道有错吗？

"听话"很多时候都不会有错，而且，一个人在小的时候，由于自我比较弱小，需要吸收很多东西，来让内心、让自我变得强大，比如，吸收知识，吸收正确的价值观念。问题在于，这些东西是怎样进入他的心理结构，又是怎样对待他的内心的！

如果"听话"不是基于父母的引导和孩子的思考，而是打骂威胁的产物，那么，"听话的孩子"这样的"自我"在进入孩子的心理结构时，就把父母对他的威胁、强迫、控制也一并带了进去，而且，对他的那个真实的自我进行了粗暴的否定。新生成的这个"自我"不是让他的内心有力量，恰恰相反，变成了对他内心的一种奴役，因为它是在打骂威胁下的父母意志的"代理人"。这样的一个"自我"及与它联系在一起的威胁、强迫、控制只要存在一天，他就一天不能消除心理的弱小和恐惧！

所以，父母们都注意了，家庭是一个充溢着爱的场所，让孩子感觉到恐惧而不是爱的任何教育，对他的内心都是一种破坏。

在两个成年人中，为什么一个人的"自我"越虚假，他的心理就越弱小？原因是：当一个人的心理结构被"假自我"所驱动时，只要外界一打击，他就已经无法唤醒内心深处的那个真正的自我来抵挡，而只能用"假自我"来抵挡，但悲剧的是，那个"假自我"，恰恰是由外界控制的！

第四个标准：违反人性和理性的"自我"永远是假的。

当我们说一个人的自我是"真"的，意味着什么呢？意味着它在自然的意义上符合人性，在社会的意义上符合理性。违反这两点的"自我"必然是假的，因为它意味着一个人内心的畸形和扭曲。

假如你拿弱者当有尊严的人看待，那就是你的"真我"。因为，第一，它符合人性，"恻隐之心，人皆有之"；第二，它符合理性，假如你不拿弱者当人，从逻辑上说你也不拿自己当人。

但是，你不一定感觉弱者也有尊严。比如一个穷人，你不会同情他，认为他活该。你可能会认为自己的这种"自我"是真的，即你的这种观点真的代表了你的真实想法和体验。然而，它却是"假我"。原因也仅仅在于：第一，它不符合人性；第二，这披露了一个残酷的事实，你已经先不拿自己当成一个有尊严的人看待，或当比你更有权力、更有钱的人不拿你当一个有尊严的人看待时，你已经接受了。

干掉自己人性的人，人性也会干掉他

"假自我"从哪儿冒出来并控制人的？

我想先请问一个问题：为什么我们记不起三四岁以前的事？而三四岁以后，经过努力回忆，我们多少总有些印象？

请别用"因为三四岁前大脑神经发育如何如何"这样的话来回答我。我们是在透析人的心理，看出是哪只黑手在操纵，而不是在做神经生理学的科学研究。

把心理学还原成神经生理学是一个天大的笑话。英国精神病学家莱恩谆谆教导我们，不要相信生理学家和有些心理学家的一些鬼话，他们以为把人的大脑神经细胞信息给破译了，就能搞懂我们在想什么。莱恩反问：你就算把我说话时嘴巴、舌头、喉咙的运动规律给搞清楚了，能搞懂我说的是什么吗？

答案非常简单：三四岁前人的意识基本上混沌一片，根本没有"自我"的意识，"我"又怎么可能回忆得起还没有"我"的意识时候的事情呢？

一个人在很小的时候，在心理上是还没有一个独特的"自我"的。他的诞生只是生理上，而不是心理上的诞生。对于一个婴儿来说，母亲就是整个世界，他在意识上还没有和母亲分开。

但是，从生下来的第一天开始，一个人就"存在"了。他作为一个人，就接受了一个命令：让自己和别人都活得像个"人"样。就是说，你作为一个人，而不是一头猪，是有一种"存在规定性"的，它跟着你的存在而来，深深地刻在你的内心深处，无论你是否意识到，都规定你应该成为一个什么样的人——规定你应该自由，做一个有价值的人，而不是成为一个变态，成为一个坏人。

冥冥之中是有声音告诉我们不可杀人的，这不仅是社会道德的声音，也是人性的声音。你如果杀人了，就违反了这一规定，哪怕没人知道是你干的，你也必遭人性的惩罚。

一个人为什么会莫名地恨自己？很重要的原因就是，他没能成为"存在规定性"要求他成为的那种样子。来源于"存在"的那个真我，恨死了出卖自己或干坏事的他。

一个好人终会得到人性的褒奖，而一个坏人一生都逃不掉人性的追杀。干掉自己人性的人，人性也会干掉他。

小孩子三四岁以后，慢慢地就有了一个"我"的意识。弗洛姆曾引用一个小说家在一本小说中的例子，来说明人一旦意识到"我"是一个独特的个体，就相当于在这个世界面前突然醒了过来：

艾蜜丽……突然发现她是谁了。这是毫无理由来解释的，为什么早五年，或甚至于五年后，这件事不会发生在她身上，而偏偏就在这个下午，这件事发生了。她正在船头起锚机的后面（她把一个挂钩放在起锚机上，当作门环）的角落里玩住家家的游戏；玩腻了，便漫无目的地走到船尾，一边胡思乱想到蜜蜂和仙女，这时，一个念头突然闪入脑海，想道：她就是"她"。她一动不动地停下脚步，开始观察她的身体。她不能看到身体的全部，只能看到她的上身的前面，她的双手——她把双手抬起来，仔细地观察。但是，这已足够使她对她那突然发现是属于她的身体，有一概略的认识。

她开始相当嘲弄地大笑。她想："哈！真想不到，在所有的人中，你偏偏要长成这个模样！——现在，你不能摆脱这个模样了，但是，这不会很久的：你会由小孩子，变成大人，再变得老态龙钟，然后你就不会玩这个鬼把戏了！"

在世界面前醒过来，具有了"自我意识"，对于一个人来说是一件天大的事情，因为他在心理上，终于诞生成为一个"人"了。

但是，这同时也意味着一种危险！一个人具有了"自我意识"，就从世界那儿分裂了出来，并且暴露在陌生而危险的世界的枪口之下。亚当、夏娃在伊甸园那儿活得好好的，不穿衣服，相当于人的幼儿时期。但当亚当、夏娃被逐出伊甸园，不穿衣服就不可能了。一个人长大后，在"存在"的意义上赤身裸体绝对不行，要在社会上混，在心理上就必须穿衣服！

这些衣服就是"自我"。

人披上"自我"这些衣服的过程在社会学上就叫作"社会化"。他都把些什么东西吸进去了呢？太多了。朋友、亲人、知识、理想、价值观念、金钱、上帝、民族、国家、职业、爱好……

它的后果是：一方面，一个人吸纳了外部世界中很牛的东西，变成了他的自我，让他变得强大，比如学了很多知识，分析和应对这个世界就有了一把武器。

但另一方面，吸进去的很多东西恰恰是殖民者、侵略军。比如，社会上认为有钱才成功、才牛叉，这一观念如果灌进了一个人的自我结构，那么，他就会以经济状况来认同他和别人的自我，这就等于把自己交了出去。这类"假自我"构成了一个人的弱点，只要想办法识别和触发它们，就可以实现对一个人心理的操纵。另外，一个人一旦让这种"假自我"控制自己，不幸他又没有多少钱，别人只要贬低自己为"穷鬼"，自尊立马崩溃。

如果对自己的评价取决于别人的看法，
灾难就开始了

"假自我"占据我们的心灵有两种方式：一是我们把自己看成什么人，进行"自我认同"；二是他人把我们看成什么人，对我们进行"社会认同"，于是我们体验到了自己是什么人，爽或者不爽。

有位大专生某天去面试，在几位主考官面前并不紧张。但在一帮根本不是主考官，也必须在主考官面前放尊重些的人面前，他自卑了。

情况是这样：面试前，所有参与面试的人都在一个会议室里集中，大家相互讨论着。这个时候，他突然发现，他们的学历都非常高，而他只是个大专生，不要说重点大学了，连本科都不是。

他平时认为，文凭并不能衡量一个人的真实水平和素养。但是当他真的出现在一帮比他学历高的人的面前时，这种认识的力量突然之间崩溃了。

他认为，这是两个自我的冲突：一个是认为文凭并不是重点，另一个则屈服于文凭的层级排序。这两个自我在打架，但前者没能干过后者。

但是，他错了。

在这里根本就没有两个自我，只有一个：屈服于社会优势排序，在本科、硕士、博士面前俯首称臣的"大专生"。认为学历并不是重点，这还仅仅是一种认识，只在大脑里存在，还没有进入他的心理结构。没有进入心理结构，充当一种心理功能的东西，就不是"自我"！我们每天都有无数的想法，千奇百怪，但它们无论是一闪而过，还是不时出现，都没有多少进入心理结构，也都不是"自我"。

所以，认为文凭并不是重点，这种认识根本驱动不了他的心理功能，也就干不掉那个屈服于学历的层级排序的"自我"——这样就无法阻止自己的自卑。

当然，从另一个角度来说，也是有两个自我，其中一个是真的自我，一个是假的自我。遗憾的是，在他面试的那个情境中，真的自我只在他和主考官互动的时候出现，而在他和那帮学历高的人在一起时，奇怪地消失了。

原因在于，他已经破除了别人的地位、身份等"强"的东西对他的心理威慑，但是，并没有在心里把文凭这个"自我"驱逐出去。

文凭在中国确实很牛，因为社会太看重它，从而迫使一个人在心理上赋予其意义。我曾经看过西部某县宣传部的一篇报道，热情地讴歌一位学林业的女硕士，"毅然放弃在大城市的良好发展机会"，回去支援家乡建设。报道引用这位女硕士的话说，她将努力用自己所学的"科学文化知识"，为家乡的建设和发展做出"应有的贡献"。

这个报道会不会让你喷饭？一个可能在北京、上海、广州、深圳这样的城市连工作都找不到的女硕士，在西部某县眼中，立马魅化成一个宝贝。学历在对一个人的包装上，可见有多大的档次和魅力。知识（虽然在逻辑上，有学历根本不等同于有知识）在包装一个人的身份、地位、分配资源的优先权甚至垄断权上，毕竟是最具"合法性"的，大家最服这个。

我相信这个女硕士是天才的演员。从这篇报道看，场面搞得极为隆重，搞得好像很"尊重知识，尊重人才"一样。但戏演得太过，就弄成喜剧了。把一个可能在外面连工作都找不到的女硕士当宝贝一样捧着，那只能显得那个县的公仆们是土包子。我曾经跟一个有博士学位、副教授职称的朋友说，你去那个县晃一圈，绝对牛叉得不得了。

智力是可锻炼的

如果一个人的大脑被心理取代,不可避免地就会变成一个不讲逻辑的白痴,变成一个一被刺就跳起来的心理动物。

越是对爱和恨的东西注入情感，心里就越抓狂

"假自我"是一杯毒酒，但有的人饮鸩止渴，而且乐此不疲。

必须要把这一点说破了。"自我"就是用来让你在心理上得到生存的一种心理功能，不等同于你身体的那坨肉；但是，如果它是假的，就恰恰会使得你的心理弱小，很多时候让你在心理上遭受威胁。

我们在自我的家里做自己的主人，不需要自欺欺人地"难得糊涂"。准确地说，我们并不需要去反抗"假自我"背后的强大社会力量，而只是不让"假自我"支配我们。

我们的理论和方法是：在各种博弈情境中，保持足够的冷静和敏锐，阻击任何外界的信息、情境绕过我们的大脑而瞬间进入我们的心理结构，否则这样的信息和情境就会激活我们的"假自我"，从而操纵我们。我们必须让这些信息先通过我们的大脑，在智力结构里面进行解读并做出反应。这样，智力结构成了我们强大的防御阵地，保护我们的心理结构不被他人伤害。

上面这段理论可能比较难理解，我们打个比方，假设你是一个无房无车的蚁族，某天你去相亲，对方突然问你："有房有车吗？"你苦涩地摇摇头；她又再问你："月收入达到一万吗？"你无地自容。她怒曰："我宁愿在宝马里哭，也不在你的自行车上笑！"并语重心长地教育你："穷人不配有爱情！"你羞愤交加。

好了！看到没有，她的话完全绕过你的大脑，瞬间进入你的心理结构，像刀一样准确地刺中了你因为没房没车而极为弱小的那个"自我"。你无力抗拒，因为不是你的大脑，而是心里面的那个穷酸的"自我"在感觉、在思考、在判断！

如果这个例子仍然让你觉得理解得不够深入，那么我们继续解释一下什么是智力结构，什么是心理结构，这两者有何关系。毕竟学一种武功，必须理解拳谱里面的一些词语，体会它的深刻思想，像李小龙一样，武术就是一种哲学。

智力结构（也可以叫认知结构、思维结构，都是一个意思）指的就是大脑的功能，代表着人的感觉、知觉、思考、理性。人有这个东西，而动物一般来说是没有的，这就使人和动物有了本质的区别。

动物和外部世界的关系是"刺激—反应"，你做出一副凶神恶煞的姿态要打一条狗，它马上就会跑；而它和自身的关系则是"本能—行动"，一条公狗发情了，就会屁颠儿屁颠儿地去找一条母狗，而且不会顾忌是在什么地方。

但是，人不一样，在人与外部世界、人与自己的本能之间，由一个智力结构隔开。人和外部世界的关系是"刺激—判断—反应"，有的人在你面前凶神恶煞地做出要打你的姿势，至少可以让你用大脑做出一个判断：视实力，打还是不打？在人与本能的关系上，你发情了，不可能随便在大街上找一个女人解决吧？大脑的功能告诉你，那是错误的、危险的，你的行为得先经过大脑这一关。

绅士不过是有耐心的色狼，这句话是很多女人的经验之谈，恐怕也是一些极为伪装的男人的夫子之道，但它是有充分的理论依据的。这帮人在猎物面前，能够用大脑控制自己的本能，不让它马上发作出来，而是用人类发明出来的那套虚伪交际礼仪来包装、隐匿自己的欲望，给猎物营造一个温情浪漫的情境，使她们在心理上说服自己上钩是一件美好的事情。但一些土流氓大脑功能不起多大作用，欠缺人类运用"文明"的能力，更像是本能驱动下发情的公狗。

比之智力结构的简单性，心理结构是一个很复杂也很有歧义的概念。一个概念复杂，往往是它指代或描述的东西复杂。弄一个简单点的词语来让人对某些东西一看就懂当然省事，但这会漏掉非常重要的东西，是非常偷懒的做法。

相信刘德华的话，去买某种品牌的洗发水，我不知道有没有错，因为我没买过。但请相信弗洛伊德、弗洛姆、荣格、阿德勒、霍妮、埃里克森等非常牛叉的精神分析的先知，也请相信我，理解了什么叫心理结构，我们就掌握了理解千奇百怪的心理现象的一把神秘钥匙。一种牛叉的洞察不会从天上掉下来，而是从理解中来。所以，给自己一小点儿耐心！

让我来打一个手电筒，照亮"心理结构"这一概念的黑暗。

人的心理结构就相当于一个密室。我们知道，这个密室里藏有很多东西，人的欲望、本能、性格、动机、情感、记忆等，乱七八糟地堆在一起，像管理无序的仓库一样。

有些励志大师一直鼓吹我们要做自己情绪的"管理员"，口号不错，但一定得明白我们的情绪在心理结构里面是如何运作的。光靠喊几句口号就想控制情绪，那是神话。

要注意这个密室下面还有一个黑暗的地下室。有很多东西堆在密室里，但还有更多的东西堆在密室下面的地下室。堆在上面的，用弗洛伊德的话说就是有意识的内容，而堆在下面的就是无意识的。

有意识的意思就是，当你爱一个人、恨一个人时，你能够清楚地知道；而无意识就是，你可能讨厌某一个明星，但你并不知道这是为什么，或者，你干了一件荒唐的事情，过后你都觉得莫名其妙。另外，还有很多人类和个人的往事，就永远待在地下室，无法呼唤到你眼前了。无意识非常类似于有一个幽灵在暗中操纵你，它就在你内心的最深处。

心理结构这个仓库太乱了，走进去一看，会把人的大脑搞晕的。

在整理心理结构这个仓库的过程中，我把很多杂物给扔了，只保留五样我认为比较重要的东西：身体—身份特征、往事、性格、价值偏好、情感，它们都可能变成一种用来维护人的心理生存的心理功能，也就是说变成人的"自我"。

一个人常常为他的身体—身份特征而自卑，或者狂傲。一个残疾人，一个性无能的男人，一个底层青年，不用说，那是比较自卑的。而一个帅哥，一个猛男，一个北大毕业生，那就会感觉自己牛叉得不得了，常常以"帅""猛""北大"而自傲。你攻击到他们的身体—身份特征，都是在攻击他们的"自我"。

阿Q同学头上有疤，就最痛恨别人说"疤"这类字眼，甚至连说"光""亮"都不行。

多年前，我曾经有一位同事W，20多岁了，在身体上长得还像一个八九岁小孩儿的样子（我建议，我们最好用描述，而不用"侏儒"之类不友好的词汇来界定一个人的身体特征）。在他面前该怎么说话我还是懂的，从来不敢说"矮""小""短"之类的字眼。我想都想得到，自卑已经使得他的心理极度扭曲，一不小心就会得罪他。

而且，我预感，W以后肯定会出事。这是一个心机颇深、对自尊有着几乎是致命要求的人，现实迟早会把他引爆。

有一次，我和W，还有另外几个人一起去体检，碰到了另一位同事。他做了一个非常愚蠢的举动，看到W觉得非常稀奇，居然像看猴子一样看着W，眼睛闪着嘲笑和挑衅。面对这种简直是找死的举动，我真的为他捏一把汗，并观察了一下W的表情。我看到平时极会隐藏的他眼睛里充满了杀人的欲望。

最后W终于杀人了。不过，死者不是这个找死的同事，而是W的老婆。原因据说是因家庭琐事而争吵，W拿起了刀。真是悲剧。

我们都有属于自己的往事，而且在心理结构深处，也装了人类的往事。除非是天生的白痴，否则每一个人从出生开始到长大成人，在心理上都会演化一番人类史。现代人和古代人，90后和80后、80后和70后的区别仅仅在于，在社会化过程中，他们的智力结构和心理结构仓库上面的房间，装的是特定历史时期的内容，而每一个历史时期、每一个时代，社会上的那些东西都不一样。

对于个人的往事，很多我们已经记不起来了。我们之所以记不起那些东西，或者是它们当初对我们的情感冲击不强烈，掠过大脑就像烟云一样消失了——就算掠过心理结构，因为不太重要，也很快就被放到了黑暗的地下室；或者，有些东西太让我们痛苦，我们要阻止自己记起它们，于是，这些东西就像魔鬼一样被驱赶到了地下室，我们得把它们囚禁起来。

1909年9月，弗洛伊德应美国克拉克大学邀请，在其校庆20周年之际，从奥地利跑到美国去做了一次演讲。

那时，他在欧洲极不得志，非常郁闷。心理学界的大佬们，因为弗洛伊德革命性的创见而显得他们像个白痴，他们的利益受到了威胁，于是动用自己控制的资源，拼命打压老弗，说他搞的精神分析是伪科学。而老欧洲的人民也假正经，被心理学大佬们洗脑后，也认为弗洛伊德是个鼓吹色情的坏蛋。相比之下，美国人民的心灵就要纯朴得多了，对新的心理学发现更有兴趣。

第一天，美国人的热烈欢迎就让弗洛伊德感动得热泪盈眶。士为知己者死，真理更应对有理性教养的人宣示。于是，在演讲中，老弗第一次把自己对人类心理的破译给系统地抖了出来。

他宣布了一条不亚于《圣经》"十诫"中某一"诫"的发现：很多人之所以得恐惧症、强迫症、抑郁症之类的神经症，是因为在最初某人某事某情境刺激到了他的心理结构，让他遭受了心理上的创伤，但是他当时因为害怕，因为羞耻，因为面子等原因，无法让情绪以正常的方式发泄，痛苦被压抑了。

假如你的上司狠狠地羞辱你，你很生气。但除非你不要工作了，有胆拍桌子，揍他一顿，否则，你就会选择忍气吞声。也就是说，在当时那种情境中，你压抑了你的情绪，在他面前保持了情绪的稳定。但是，你的"自我"已经被他踩在了脚下，你在心理上很难生存。为了获得心理的生存，你那一股气一定要出，不能在上司面前出，那就换一个人或换一种方式出。碰巧你可以管一个人，那么，你非常有可能像上司羞辱你一样羞辱他，让那一股气变相地发泄，获得了平衡。

曾经有一个经典的情绪变相发泄的食物链：老公在单位里受上司的气，不敢发作，便回家拿老婆出气；老婆受了老公的气，无法发作，于是便拿儿子出气；儿子干不过老妈，便拿皮球出气。这样的强者拿弱者出气的食物链，就是我们这个社会的生存状态。很多人就是这样变态的。

为了让一些白领减轻"压力"，在上司羞辱自己时变相地出气，社会上出现了一些"发泄公司"，弄一些"假人"，供有气要出的白领发泄用。而有的公司甚至不需要市场提供这类服务，很人性化地弄了一个房间，把公司高管的"假人"放在一起，让员工去拳打脚踢，甚至用鞭子抽。

这类玩法，的确可以让人的情绪发泄出来。但它对准的并不是当初制造了这一情绪的人，所以有点儿意淫。它只能让一个人不至于因为没有得到发泄而被引爆，而不能阻止一个人在心理上的变态。

弱者受到强者欺负，估计在打不过的情况下，一般不会直接去反抗，而是会寻找替代性目标，出一口鸟气。像制造了福建南平校园屠童案的郑民生"郑屠"，就是这样玩的。作为这个社会的利益受损者，在心理上，他就是把损害他的人放大为抽象的社会，并以社会中最弱势的儿童为具体辨认对象进行"报复"，杀的是当地贵族学校的学生，而不是乡村学校的学生，让他在心理上觉得自己报复到了该报复的人。

一个人绝不是一张白纸，而是带着他个人的往事，他的心理背景去和别人打交道的。忘记这一点将是一个愚蠢的错误。

我们和别人打交道，都会首先碰到一个问题：性格。性格在心理结构中占据了一席之地，有着不可忽略的心理功能。古希腊哲学家赫拉克利特早就说了，性格是人的守护神。用我的话来说，性格就是你和外部世界打交道，让你在这个世界中凸显出来的一种固定方式，同时它用来防御外部世界对你"自我"的冲击。关于性格，在后面我将详细分析。

在这个世界上，找不到没有价值偏好的人。有的人喜欢美女，有的人喜欢金钱，有的人具有宗教信仰，有的人是社会达尔文主义的粉丝，有的人喜欢平等，有的人却觉得压迫别人才爽……在心理结构上，价值偏好往往代表着一个人关于某事某物某人的"认同"，他往往把他的智力、他的利益、他的尊严、他的情感等押了上去，即把"自我"押了上去。

所以，攻击一个人的价值偏好，等于攻击他的"自我"。你迎合他的价值偏好，等于恭维他的"自我"。拍马屁的高手，一个绝技就是从价值偏好入手，投其所好，很多事情往往都能搞定。

如果大脑被心理取代，便注定无法重生

价值偏好往往会注入情感。一个人越是对他爱和恨的东西注入情感，心里就越抓狂。自古以来就有雇佣兵出现，但情况往往是，雇佣兵在打仗时，往往都不如国家的民兵组织。原因固然有很多，但一个非常重要的因素是，雇佣兵只是为钱卖命，为钱杀人和被杀；而民兵组织打仗，则是基于对自己国家的爱，他打仗是注入了强烈情感的。

在心理结构里，某人某事某物越是构成一个人的"自我"，他对他（她、它）就越发销魂蚀骨。所以，爱一个人可以爱得死去活来，并且绝不允许其他异性分享。那是因为对方已全部被纳入到了他的心理结构，他要完全控制和占有对方。往往越是如此，一个人就越不允许他所爱的人独立、自由，因为这意味着对方不是他的"自我"，而是另一个独立的存在。

以自己的爱和恨，自己的愿望和恐惧去看待世界，弗洛姆称之为"人格失调性歪曲"，轻微的，比如卑鄙的人想象着谁都卑鄙；极端的，得了被害妄想症的人，以为谁都想害他。

有的时候，则是只能用心，不能用脑，比如在家里和亲人相处时，靠

的是心的感受，要表达爱，和家里人斗智斗勇就没意思了。家里毕竟不是职场，更不是生意场。

而有的时候，则必须既用脑又用心，比如在思考一个人生问题时，除了头脑的推理、想象，还需要心的体验，头脑有必要带动心灵的参与。只有思考触发了心的体验，才算是真正理解了某个问题。顺便说一句，古代社会的哲学家之所以比现代社会的哲学家心理更强大，更能坚守某一种生活方式，是因为他们的哲学不仅是头脑的产物，更是生命的产物，他们的存在是和他们的思想一体的。但现代的哲学家，思想往往只是他们的"头脑风暴"，和行动是分离的，他们并没有做到"知行合一"。

如果一个人的大脑被心理取代，不可避免地就会变成一个不讲逻辑的白痴，变成一个一被刺就跳起来的心理动物。现在让我们考察一下，智力结构如何和心理结构相互影响。

先看一下媒体如何对大众洗脑。请记住，不只是某些机构对你洗脑，你所希望提供真相的市场化媒体，一样这样干。

假设在某个学校，有老师和学生冲突的事件发生。好，媒体，而且是市场化媒体做了一条报道，标题是"老师猛扇学生耳光"。你的第一反应是什么？充满了道德义愤是不是？我们可以确认的是，这一标题，作为一种外界的信息，迅速地绕过你的大脑，直达你的心理结构，激起了你的情绪。

但你为什么被激起情绪？情况是，你在做出反应之前，在智力结构上已经预设了这样的认知背景：老师是强者，学生是弱者。非常不幸，你的智力结构和标题提供给你的"事实"合拍了，所以，"老师猛扇学生耳光"逃过了你理性的检验，迅速变成一个"事实"。并且，更为重要的是，在你的心理结构蓄积了作为强者的老师不能打学生的价值观以及对老师的不满。你实际上渴望这一"事实"出现，好有一个具体目标，合理地发泄你对老师的不满。于是，媒体对你的洗脑成功了，记者轻而易举地就把一个极为片面的"事实"强加给了你。

如果你仔细看报道，就会发现情况可能不是那么回事。不是老师凶神恶煞地揍学生，而是学生非常可恶，根本就是一个小流氓，多次出言不逊，羞辱老师。在忍无可忍的情况下，老师和学生发生了"肢体冲突"，学生抽了老师一个嘴巴，老师则还以颜色。稍有理性的人，看到这一段后都会修正自己对"事实"的认定，从而修改自己的情绪反应。但是，情绪无法稳定的人，已经完全接受了媒体在标题里强加给自己的"事实"，他对真正的事实已经看不见了。这类大脑已经不管用的人就像一架机器一样，外界只要发出一个指令，他就会被操纵而自动运转。

我们再来看一个故事。

我有个朋友，是个做IT的，他自称是"IT民工"。此君疯狂地爱上了一个公司文员，是个美女。他告诉我，此女在他心中，堪称完美女神，不仅漂亮，而且温柔，极有小家碧玉的风范。我微微一笑，知道他已经陶醉了。一个陶醉在自己想象中的人将听不进任何反面意见。

不久，他终于把此女追到手，两人同居了。但也就过了大约半年，他开始向我大倒苦水，厉声谴责此女变成了另一个人，好吃懒做，极为势利、拜金，除了具有一副好皮囊外，简直俗到极点。

我纠正他：此女从来就没有变过，唯一改变的不过是他正视现实了，而以前他一直活在自己所造的一个梦中。此女的温柔、小家碧玉的风范，完全是他根据自己的愿望投射到她身上的，是他愿意并相信她具有这些特质，而不是她本来就有的。当初他被自己欺骗了。

这个故事太有普遍性了。"IT民工"之所以要给他的女朋友设定一个温柔、小家碧玉的"事实"，是因为他在心理上一定要以此来说服自己选择她是完全没错的,并且,她如此美好,自己也显得眼光不错,档次不低。

幸运的是,在结婚之前他就醒了,而很多人可能都要等到结婚后,才惊愕地发现对方居然是一个自私、势利、粗俗、卑鄙的人,并且感到是如此陌生。之所以陌生,是因为此前他只是在和自己心理结构中的对方打交道,而不是和真实的对方打交道。

在他人的眼中越透明，就越没有力量

在我们的剖析中，智力结构和心理结构的秘密，以及它们的相互影响终于大白于天下。总结一下，我们获得了七个重大收获：

（1）在做判断时，无法控制自己的情绪、愿望，一个人必然变得极为愚蠢，毫无逻辑和理性可言，他看到的一切都是歪曲的，并且把"自我"置于被外界控制的境地。

这一点，前面我们已多次讲到。但怎么强调都不为过，很多人就栽在这上面！

（2）认定或设定一种"事实"，注入情感的能量，一个人会变得执着，甚至疯狂。

宗教极端分子在心理上就是这么回事。

（3）很多人的心理优势是这么获得的：先把身份、地位、学历等外物纳入心理结构，并根据它们的社会优势排序，然后在智力结构上拿这些来和他人做歧视性对比。

很多俗人证明自己牛叉就是这样玩的。另外，有一类所谓的"知识分子"甚至文化流氓，也会借助于这一手法。在和别人争论某个问题时，为了获取心理优势，假如别人文凭没自己高，便通过文凭的歧视性对比证明自己伟大、正确；假如自己在文凭上不占优势，便占据道德制高点，把对方污名化，通过道德攻击而不是观点攻击打倒对方。

（4）如果一种观念被证明是正确的，那么，只要它从人的大脑那儿，被带到心理结构里面，变成一个人心中的信念，一个人就会变得无比强大。

一个哲学家、一个为正义而战的人，就是这样炼成的。

（5）如果这种理性的认知改变了人的认知结构，并且，在把它带入心理结构时，引发了情绪的释放，一个人就可以改变他的心理结构，而心理结构的改变就意味着一个人的改变！

这一点对于我们的改变来说非常重要，在后面我将会讲到。

（6）保持心理结构不动作，以智力结构观察、应对外部世界，并迅速解读和预测外部世界的信息，一个人就建立了心理的防御，并且随时可以出击。

这是防范"假自我"在外界刺激下动作，陷我们于心理弱小的金科玉律。同时，它也是我们在博弈中的重要武器。

（7）当个体 A 以智力结构和个体 B 的心理结构打交道时，个体 B 只能是输家；而当个体 B 以智力结构应对个体 A 时，谁在心理上是赢家，取决于谁更能捕获对方的心理动机，以及可能要通过语言、动作传达的信息！

根据（6）和（7），在与他人的博弈中，我们可以训练自己做自我的主人，使"假自我"无从控制我们。

如果你觉得上面的理论理解起来仍有点儿费劲的话，下面我们就给定一种情境来具体看。

就以对你的上司为例。

某一天，你好像什么把柄都没有，但他把你喊到了办公室，阴沉着脸，似乎要找你麻烦。

你该怎么办呢？

一个高明的领导绝对不能只玩很酷的面部造型。大领导在基层公务员和老百姓面前，肯定是和蔼可亲的。原因无他，他的权力早已牢固地确立，还玩酷就会吓着下面的人。权力只是让人害怕，但权威却让人在心里敬畏。有了权力，他还需要打造权威，用"人格魅力"来对权力进行包装。

和大领导不一样，科长、组长之类不玩酷有其苦衷。他们和手下每天都相处在一起，甚至还要一起干活儿，彼此的权力关系并没有多少空间距离，这无法制造权力的神秘感。而权力没有神秘感就没有威慑力。所以，装酷对于确立有效的权力关系无济于事，倒不如在平时就装着这层权力关系不存在，用情感笼络来换取手下对他权力的服从。

看到没有？当小领导和手下说黄色笑话时，他们的权力支配关系退场了，手下并未感觉到小领导的权力对他产生了压力。换句话说，当小领导和你说黄色笑话时，这个时候他并不是领导，你也不是小职员，你会感觉到他有权力威胁你吗？

但是，如果小领导是对外人，那情况就完全不一样了，他必须装酷，俨然权力的化身。

我第一次懂得"阎王好见，小鬼难缠"这个道理是在18岁的时候。那时我去老家的一个政府部门办一件事。走到门口，我看到有几个公务员在打牌聊天，便凑上去讨好他们，一人发了一支烟。按照人情的游戏规则，他们接了我的烟，自然也就欠了我一个人情。但是，当我问某某办公室在哪儿、我应该找谁办事时，他们中没有一个人理我，表情极为不屑，在我这个"屁民"面前一副大爷样。

对这帮在"屁民"面前摆谱儿的大爷，我无可奈何。一怒之下，我想到了找他们领导。于是我走到了二楼，见书记室的门开着，便走了进去。正好书记在，我便把情况给他说了。没想到此书记还极为热情，问了几句后，便亲自带我下楼，给某个公务员说我要办什么事，要他帮我办。事情以极小的难度办成了。

多年后，当我从蒙昧状态中醒过来，曾经对这一现象进行了思考。

我发现这是一种伪装策略。小公务员和临时工在体制这个权力金字塔下面只是一块垫底的砖，一种渺小和被人支配的感觉嵌入了他们的心理结构，成为他们和外界打交道时的心理背景。

在"屁民"们面前，他们好不容易可以找到自己有权力的感觉，肯定不会轻易放手。所以，假如他们在"屁民"面前没有摆架子，在心理上就无从体验到自己对"屁民"有权力，也无从对自己在体制内只是被领导的权力支配做出补偿。他们在"屁民"们面前很酷的语言、表情和动作，其实就是对屁民进行友情提醒：他们是爷，"屁民"得放恭敬些。

领导在和屁民们打交道时，自己有权力这一感觉同样构成了他的心理背景。所以他没必要像小公务员、临时工们那样玩。恰恰相反，表现出平易近人的样子，正是区别于小公务员的领导的标志。

看到没有？无论是领导，还是小公务员、临时工，当他们和我们这些"屁民"们互动时，第一本能就是装叉。傲慢和平易近人都是一种显示权力的博弈策略。他们用语言、动作以及背后的权力，精心打造、包装出了一个"自我"的形象，用来应对我们。

回到我们开始的情境设定，第一步我们应该搞明白，上司阴沉着的脸，还有好像很威严的声音，都是一种博弈策略，意在呼唤并撕碎我们的"自我"。我们必须保持足够的冷静，不让心理结构运作，防止我们作为下属的那个"自我"被激活，也就是说，只让他的上司身份停留在我们的智力结构，而不进入心理结构。斩断了潜藏在我们心理结构中的"假自我"和外界的联系，我们的恐惧就不会产生。

要做到这一点，我们就必须在看到他时，压抑心理活动，同时快速地启动思考，对他的表情、语言进行分析。只要外界的信息能够被我们拦截在大脑里面，同时进行解读，它就不会冲击我们的心理结构。即使它一不小心溜了进去，它也已经是强弩之末，力量大减。而当我们用智力结构应对上司的语言、表情时，情况改变了，我们不再是他权力支配的客体，恰恰相反，他变成了我们思考和分析的客体，力是由我们指向他了。

"文革"时，很多文人都受到革命群众的冲击，要么以自杀向人民谢罪，要么坚定革命立场，都不再玩独立、清高了。钱钟书的夫人杨绛是个例外，还保持着"文化上流社会"的那种高姿态。在一篇文章里，她坦率地披露自己是这样玩的："革命群众把我同组的'牛鬼蛇神'和两位领导安顿在楼上东侧一间大屋里。屋子里有两个朝西的大窗，窗前挂着芦苇帘子，经过整个夏季的暴晒，窗帘已经陈旧破败。我们收拾屋子的时候，打算撤下帘子，让屋子更轩亮些……出于'共济'的精神，我还是大胆献计说：'别撤帘子。'他们问'为什么？'我说：'革命群众进我们屋来，得经过那两个朝西大窗，隔着帘子，外面看不见里面，里面却看得见外面。我们可以早做准备。'"

看到没有？杨绛在这里把自己作为主体，把革命群众作为客体的游戏，玩到了登峰造极的地步。在她的心理上，当观察、认知的力由她指向革命群众时，后者已毫无防御能力，他们的自我赤裸地暴露在了她面前。如果你无法想象这种心理优势是何其的爽，那么请如实回答我一个问题：当你躲在黑暗中窥视他人时，是不是有一种难以言喻的快感？

我想说，仅仅把上司的语言、表情等信息拦截在智力结构上进行分析还不够。因为当我们这样干时，还只是被动的防守，而上司想干什么，他接下来要如何对付我们，这些信息对于我们来说完全是未知的。一个人在他人眼中越透明，他就越没有力量。我们越是搞不懂一个人到底要对我们干什么，他对我们心理上的威胁就越大。

所以，第二步，我们必须越过上司的语言、表情，透视他的大脑、内心，分析他的意图，预测他要对我们干什么，把"他"从黑暗里拖出来，置于我们智力结构的聚光灯下。

也就是说，在阻击了他具有威胁性的信息进入我们的心理结构后，我们还要变成猎手狙击他！

这样，我们不妨快速地检视一下自己在哪方面可能犯了什么错，被他抓住把柄，从而想出应对之策。但一定要快！思维一定要马上转到这上面来：他是不是要以某件事情为借口，以我为道具来炫耀他的权力？或者，他要借助于一个威严的造型，发布一个关乎他的利益或权威的命令？假如他在我们的预测中说了某些话，那么，我们必须马上预测他接下来要干什么，在博弈中必须比他快一步。这一状态如果不被打破，那么，你在智力上就始终占有优势，你的心理优势也一直得到保持。

06

走出"心理保护"

把那个因为受伤或害怕受伤而一直躲着的真实自我给找出来,赋予爱、理性、人格的力量,让它成长,让它强大!

从来没有"莫名其妙"

我想请大家想一个问题：我们为什么会去嫉妒别人？

……

好了，如果还没想清楚，请先看一下我的一个亲身经历。

多年前，我有一次在老家的街上碰到了一位中学同学。那些年，不是什么人都一起追过女孩儿的，我和别人没有，和他也没有，关系很一般。中学毕业后，大家分道扬镳，据说他四处漂泊，还进过血汗工厂，混得并不怎么样。

所以在分别多年后，当我和他重逢时，在我面前出现的，已经是一个脸上有着屌丝夸张表情的男人。

我见到他很高兴，准备和他一起回忆当年旧事，展望美好人生。然而，他的反应非常冷淡，语言攻击性十足："你们混得不错吧？但我呢？那么惨！"

他用的词是"你们"。暗示两个人，已经处于不同的世界。

赫拉克利特说，人不能两次踏进同一条河流。看来，两个已经不同的人，也不能再踏进同一条河流。

一不小心就中枪了，他的意思我懂：羡慕嫉妒恨。尽管我真的是完全无辜的，但只要他认为我混得比他好，我的存在本身对于他来说，就已经是一种刺激，一种心理上的威胁，他必须用攻击性的语言在心理上保护自己。

我一时语塞，但还是知道，最正确的反应方式，就是赶快猛贬自己，把自己描述得失败无比，非常凄惨，同时，给他一个真诚的、无辜的笑容。

在这个世界上，有些人会莫名其妙地疏远我们，原因仅仅是，或者我们的存在，在对比中会贬低他存在的价值，让他看到他现在不能接受的自己；或者我们的存在，他已经不想去担忧、关注。

前一种人，是曾经和我们属于同一个群体（同学、战友等），但没有多少友情可言的人；后一种人，则是那些对我们寄予过希望，但和我们并不是一条道的人。

有一点他们是共同的：疏远我们都不是"无缘无故"，都是要对自己进行心理保护——避免受到刺激，或涌上失望，因为我们不是按照他们的意思来存在的。我们对此感到"莫名其妙"，唯一的解释是对他们为什么会这样并不了解，而且在心理上阻止自己去了解。

伟大领袖毛主席教导我们：世上没有无缘无故的爱，也没有无缘无故的恨。事实上，就一个人的心理来说，从来就没有"无缘无故"这个概念，一个人看起来不能理解的语言、行为，在心理上是完全可以理解的。

所以，在人际关系中，当你觉得一个人"莫名其妙"地对你做出什么时，请先阻止自己说出"有病"这类词语！就算你阻止不了自己，接下来也应该冷静地分析、洞察他——"为什么这样？"

换言之，你要做的，不是用一句话，把他的行为描述成一种道德现象、神经病现象，而是破解他行为的心理动机，因为在你面前出现的，并不是一个道德家，不是一个神经病，而是一个人，一个心理结构！

有一个女生不堪单位女同事的骚扰，向我求助。这个同事当面一套，背后一套，在她面前扮演好人，而在背后却使劲说她的坏话。

女生告诉我，她几次想发火，当面教训这个"无耻的小人"，但面对凑上来的一张"笑脸"，下不了手。她因此非常郁闷，感觉自己被人欺侮而如此懦弱，总是担心这个女同事说自己的坏话，会不会让自己在单位被孤立。

我问她："她工作能力没有你强，没靠山，和你也没个人恩怨吧？"

女生惊讶了一下："啊？我没想到啊。我只感觉她心理有病！"

她心理当然有病！然而，这不是问题的全部真相。其余的，也是最重要的真相是：这个女生被人家嫉恨了。

我很遗憾，女生的反应，表明她只具有用语言来描述别人的行为表象的能力。

我们的所谓感觉，我们的所谓认为，更多时候其实只是一种描述，不是一种洞察！但我们往往以为这就是我们对一个人的洞察，说TA是一个什么什么样的人。

这里的思维定式是：从一个人的语言、行为表现，我们往往就会说TA是一个什么样的人，以为这就是我们对这个人的了解或判断。

是吧？

然而，我们完全忘记了，当我们这样做时，其实只是对TA的语言和行为进行了外在的描述，并不是对内在真相的描述。因为我们并没有对TA表现出这些言行的心理结构进行洞察，从中找出真相！

在博弈时，如果你用的是心理，而对方用的是大脑，那么，你就等着被人在心理上、利益上屠杀吧！

所以，如果是在博弈中，请把"感觉""认为"之类会阻止你变得敏锐的词语扔掉！

在博弈中，假定博弈方是 A 和 B。那么，有几种博弈格局：

当 A 投入的是头脑，而 B 只是心理时，B 不失败的可能性非常微弱。当 A、B 投入的同时是头脑，或者心理时，结果如何取决于谁先发制人，谁在头脑上、心理上更强大，以及背后的实力。而当 A 投入的是心理，B 投入的是头脑时，那么，除非有奇迹发生，要不然，A 就等着被人在心理上、利益上屠杀吧。

如果是你的亲人或朋友"莫名其妙"地要求你什么，或对你做出了什么呢？

假如你的反应只是"莫名其妙""很怪""没病吧"之类，那么，我替你的亲人和朋友感到遗憾。

因为你的反应，事实上已经向你和 TA 表明：你骨子里缺乏理解、关心 TA 的意愿和能力，即爱的能力。你和 TA 的关系，从你这一方来说，更多的只是一种生物学和社会学的关系，你只是以头脑、心理、行为去回应 TA，而非进入 TA 的内心。

更遗憾的是，你不知道这一点，虽然，很幸运，TA 在失望的情绪反应中，也不知道或不愿去知道这一点。

但幸运是不能长期维持一种关系的！

很多人的潜能，都被心理保护以一种杀伤自己心理结构的方式浪费掉了

绕了一下，可以解密嫉妒在心理上是什么意思了。

在很多情境里，嫉妒就是我们在心里面看不起自己，不满意自己的现状，

但是，绝不允许自己意识到——因此，要把心理的能量，投射到一个出现在我们面前，刺激到了我们，让我们看不起自己的人身上！

简单地说，嫉妒就是我们一种隐秘的心理保护。它的普通表现，是不爽、诋毁、攻击他人，借此获得心理平衡；极端表现，则是把自己的失败算到别人头上，通过毁灭别人这个"刺激源"，来在心理上求生。

为什么说一个人嫉妒别人没有出息？因为在心理保护的驱动下，他把应该用来改变自己、提高自己的心理能量，以一种杀伤自己心理结构的方式浪费掉了。

我们中的大部分人，把很多时间和精力浪费在应付盲目而神秘的心理保护上，陷在它的牢笼中，无力挣脱，或不想挣脱，甚至干一些无聊的、痛苦的事情，就是为了能够在心理上求生。如果把自己"解放"出来，会让一个人做出多大的成就，会让一个人获得多大的幸福？

所谓"心理保护",不过是弱小者的武器

下面,我们来破译一下如何打破心理保护。

所有的心理保护都有一个共同特征:一个人缺乏力量和人格上的勇气来直面弱小的自我,对弱小的自我进行担当,不敢用弱小的自我和世界打交道;他只能发展出心理保护来保护弱小的自我,用假自我和世界打交道。

于是,产生了可怕的后果:

A. 弱小的自我一直囚禁在心里的地牢中,没有机会成长,像是一朵没有阳光雨露的花一样,慢慢枯萎;

B. 玩心理保护,每玩一次,就是对内心的一次杀伤。

换句话说,心理保护不是在养育自我,而是在杀自我。它让一个人在内心里没有机会强大。

我们要打破心理保护,就从弱小的自我碰到了什么开始考察。

对此,让我们返回童年考察一下吧。

一个人大概在一岁多的时候,就学走路了。一开始肯定站不稳,会经

常跌倒，一跌倒就哭。但是，有大人在教小屁孩儿们走路啊，并且，他们还有意识地放手让他走。于是，慢慢地，小屁孩儿终于学会独立走路了，直到完全走稳。

这是生理上的成长之路。要学会走得更远，必须先学会走稳，虽然学会走稳并不就能走得更远，一个人还需要有行走的能力。

在生理上，我们是靠双脚在走路，但在心理上呢？我们是靠"自我"在走的。

三四岁的时候，我们的自我就开始发育了，心理上，我们对这个世界睁开了天真的眼睛。它要一直发育，我们在心理上要一直向前走去，换句话说，在时间的流逝中，自我要一直成长。

当我们还没有一个"自我"的时候，母亲就是我们的整个世界，给了我们足够的安全感和爱。按照基督教的说法，我们的童年在这段时间，实际上相当于在伊甸园里。

但随着我们开始长大，三四岁后，"自我"发育，走出了母亲的世界，情况就变了。对于一个小孩子来说，只要小伙伴欺负他，只要父母虐待他，甚至只要他的很多愿望得不到满足，幼小的心灵就会受到伤害。

讲到这儿，不得不重复这样的老调：一个人的很多问题，包括心理问题、人格问题都可以追溯到童年。必须挖到童年，才能挖到病根，然后除去这个病根。这是心理分析的老祖宗弗洛伊德老师早就说过、干过的。

其实不仅弗洛伊德老师，中纪委原书记王岐山同志曾经推荐过一个法国历史学家的书《旧制度与大革命》。这个人叫托克维尔，他还有另一本同样有名的书《论美国的民主》，也把美国之所以能够是一个民主国家，追溯到它的童年。

比如，托克维尔老师这样写道："要仔细观察一个人在成年才冒出的恶习和德行，必须追溯他的过去，应当考察他在母亲怀抱中的婴儿时期，应当观察外界投在他还不明亮的心智镜子上的初影，应当考虑他最初目击的事物，应当听一听唤醒他启动沉睡的思维能力的最初话语，最后，还应当看一看显示他顽强性的最初奋斗……可以说，人的一切始于他躺在摇篮的襁褓之时。"

所以可以看到，一个不好的家庭，对小孩儿的心理非常具有杀伤力。为人父母最应该被鄙视的一点是，他们做什么从来只是按自己的意志来，不考虑小孩儿的心理感受，不考虑小孩儿的自由成长。

我们的"三体心理"面临一个艰难的任务，要在短时间内改变一个人十几年、二十几年甚至三十几年形成的坚固的心理结构。怎么办？只能是打蛇打准七寸，必须突破他的心理保护，把他那个因为受伤——或害怕受伤——而一直躲着的真实自我给找出来，赋予爱、理性、人格的力量，让它成长，让它强大！

如何把真实的自我给找出来，赋予爱、理性和人格的力量，我们后面再讲。现在可以得出一个结论：在生理上，我们肯定会长大；但在心理上呢，则不一定。很多老无赖其实就是在心理上没有进化，甚至还倒退回去了，白活了一把年纪。

即使一个人在小时候，心理上没有受过伤害，没有让自卑、恐惧驻扎在内心里，然后扛着它们去面对这个世界，当他长大后，在读书或生活、工作中，恐怕也难免受到挫折和打击。

像小时候一样，如果在长大后，一个人的自我还比较弱小，或者，把真实的自我给藏起来，又或者卖掉，用一个假自我去面对这个世界，遇到挫折和打击，心理上仍然很难站稳，有的甚至会跌倒。还不排除有这种情况：有的人跌倒后，如没有人扶一把，都无法爬起来。

内心弱小的意思就是真实自我的弱小

心理上没有站稳，就是内心的弱小，而内心的弱小就是真实自我的弱小。在这里，我们要对一个人内心弱小的一些指标进行补充。

（1）有焦虑、恐惧、狂躁等情绪、情感反应。

换句话说，只要一个人有或轻或重的心理问题，可以断定，他并没有站稳，内心弱小。很简单：他在心理上正在受苦受难，而且缺乏自我保护的能力，心理上是脆弱的。

（2）有很深的自卑感，在跟一些看上去比较高大上，或层次比自己高的人交往时，有心理障碍，畏畏缩缩。

这意味着，我们是扛着一个无价值感的自我，和一个恐惧的心理背景在面对这个世界，在和别人的关系中，一开始就预设了自己的低小下。所以只要别人一个鄙视的眼神，或者说了一句话，打击我们的家庭出身、容貌、职业、收入、学历，我们马上就会因自卑被激活而深感羞辱，受到伤害。

如果预设我们不是低小下，而是高大上呢？那也没用，因为只是在头脑上、心理上强迫自己这么认为，只是在打鸡血，还是没有改变自卑、恐惧的心理背景。

是鄙视的眼神和打击的话很厉害吗？NO，它们对我们心理上的杀伤力，依赖于我们的心理背景，是不是自卑、恐惧，程度如何。如果我们根本就不自卑、恐惧，那些眼神和话虽然也很可恶，但只是道德上可恶，在心理上伤不了我们。

（3）看不清方向，没有目标，感到迷茫，不知该怎么办，甚至迷失。

这是在认知上、心理上的一种紊乱状态。我们在心理上漫无方向，左右摇摆，随波逐流，体验不到自己的存在所具有的力量。

（4）独立性不强，非常容易受别人的影响和控制，比如，工作、恋爱婚姻这种人生大事，都把决定权给交了出去，交到父母或别人那儿。

当一个人连属于自己的事情，都要按别人的意志或眼光来干时，有一个根本的原因，他无法在心理上自我负责，因此在内心弱小中无法靠自己走路。

（5）很情绪化，跟世界打交道时，不是用头脑去思维，而是用心理去思维。

什么是用心理去思维呢？比如，我穿了一件很旧很低档的衣服在街上走，以为别人肯定会看不起我，所以，搞得好紧张，好没有自信。但事实上，根本就没人正视我的存在，他们谈不上看不看得起我，这是一个伪问题。我这么"以为"，根本不是我头脑的产物，而纯粹是心理的产物，是用心理来思维。

这个世界上，很多人其实都是用心理在思维，而他们还以为自己是在用头脑思考！

（6）对很多东西逃避，不敢面对，做一件什么事，总是犹豫、拖延，想改变自己，但又拿不出足够的勇气和耐心，缺乏安全感。

不知你看到没有，从（1）到（6），揭示了内心弱小在我们存在上的后果，以及恶化我们的存在的神秘机制。而我们要让自我变强大，把我们成为什么样的人的主导权，把命运的主导权抓在手里，正可以从这里开始。

拿起"心理保护"这武器那一刻，就输了

一个人在内心弱小，心理上站不稳，也许只是一小段时间，也许是一段很长的时期。另外，也不排除这种情况，在很多年里他都这样，仍有一颗受伤的心。

人生前进的路途 A →→ 人生前进的路途 B

过去的某一个时候，一个人如果受到别人的打击，没有强大的内心去保护自己，他在心理上就会受伤，于是形成一个受伤的心理情境。

能不能走出这个心理情境，决定了他将是一种什么样的存在。

头脑—心理—人格三体心理分析学的一个任务，就是让我们在路途 A 中受伤时，能够尽快地走出受伤的心理情境，不要带着伤走到路途 B。它追求的最佳效果，就是从路途 A 走时，即使受到打击，也不受伤，直接走到了路途 B，没有陷在受伤的心理情境。

没有谁知道，如果一个人陷在受伤的心理情境里，他的幸福和成功会受到怎样的影响，他会浪费多少时间，失去多少机会，会不会导致他的人生因此不可挽回地变坏。

从心理保护被激活的那一刻起，
一个人其实就已经被改变了，是向不好的方向改变

举例子总是说明方法的最好办法。我们就说一个故事。

很多年以前，小明还是一个少年时，被一个高大的人渣欺负。这个人渣在他放学时，堵住了他的去路，拿出刀子晃了晃，要小明交保护费，否则就会伤害他——"快掏钱，不然老子杀了你！"人渣面目狰狞。

小明吓怕了，颤抖着，赶快把身上仅有的几十块钱全掏给了人渣。

此后，小明放学时，再也不敢一个人走了，他害怕再遇到那个人渣。

多少年以后，小明长大了，成了大明，长得高大威猛，比当年抢他的那个人渣还高大。但他发现，他已经是一个胆小怕事的人了。女朋友甚至嫌他空有一副骨架和肌肉，却没有男子汉的气魄。他也恨自己，为什么这样不争气。

我们来分析一下，为什么他会变成这样？而当初，又发生了什么，才导致这样的？

可以确定当人渣拿刀逼他交出钱时，小明已经受伤了，不是身体上受伤，而是心理上受伤。他很弱小，只能任人渣宰割，在那一刻，他有恐惧感。因为他当场没有爆发，不敢反抗，这种恐惧的情绪、情感，作为一种巨大的心理能量，不是向外，向人渣发泄，而是渗透到了他的心

理结构深处。

恐惧这种巨大的心理能量,渗透到心理结构深处,意味着什么?意味着会杀伤他的自我。

注意,恐惧的心理能量在进入小明的心理结构时,是携带着他当时对恐惧的体验,人渣威胁他时的情境,以及他对自我弱小、无能的体验一起进去的。那一幕,烙在了他的内心深处。

当人渣拿着抢得的钱扬长而去时,小明的内心,接下去会发生什么呢?

发生了这样一件影响极为深远的事,他的心理保护启动,把恐惧这种真实的自然情感给压抑了,不允许自己体验到。从此,他开始用心理保护,用一个假自我来和世界打交道了。

在这里请大家注意,心理保护最具杀伤力的地方,就是压抑我们的自然情感,不让自然情感的心理能量正常地涌现、排泄。因为自然情感是和我们内心最真实的自我联系在一起的,所以,压抑自然情感,其实就是在压抑,甚至扼杀我们真实的自我。

与自然情感相对,心理保护所产生的那些情感,不是自然情感,而只是基于心理生存的需要所强迫自己产生,或被迫产生的情绪、情感。比如,你屈服于社会优势排序,用钱和容貌来衡量一个人的存在档次,当你相亲时,美女有嫌弃你收入还不到一万怎么可能配和她在一起的意思,你瞬间感到羞辱和愤怒了——你的羞辱和愤怒看起来很正常,但并不是自然情感,而是为了心理生存的需要,被迫产生的情绪、情感,它的功能是这样的。在这种情况下,你如果要产生自然情感,只能是鄙视,鄙视她的存在档次很 Low,但前提当然是,你不玩心理保护。或者,你内心足够强大,对她有足够的心理优势。但这两种情况,都要求你不是社会优势排序的粉丝。

直说了吧，心理保护压抑自然情感，压抑真实自我，它所产生的那些情感，是和假自我联系在一起的情感，是假自我所产生的。所以，我们的一个公式是：自然情感永远和真实自我联系在一起，心理保护永远和假自我联系在一起。一切的问题都是从心理保护对我们的控制开始的。

回到小明的问题。

我们再想一想，当他被人渣用刀逼着交出钱时，他害怕了，屈服了，交出了钱。好，他处在了恐惧之中对不对？我们知道，一个人处在恐惧中，心理上是很难活下去的，心理保护会启动，他会强迫自己产生一些情绪、情感。关键是，启动的是什么样的心理保护，产生的是什么样的情绪、情感呢？

不是愤怒，而是害怕，准确地说，是先害怕！

它的原理是：我被人威胁过，真的怕了，我不敢反抗，因为反抗的后果更可怕。所以，一旦有人威胁我的话，为了在心理上保护我自己，我就先害怕，有了这样的心理保护和强迫自己产生的情感，就可以避免我有更可怕的后果了。

这种心理保护一旦被激活，而且没有被打破，也就长期控制了小明的心理结构，于是，小明就被改变了，他从当初害怕的那种体验，慢慢地变成了一个胆小怕事的人，尽管他长的样子看上去能够给女生安全感。

而由于多年来，他没能打破心理保护，没能直面当初弱小、无能的自我，他的恐惧感一直被压抑，当时伤害他的那个人、那件事，一直在他的内心里存在，虽然已经长了那么大，但他仍停留在当时的那个心理情境里，没能走出来。"过去"在他的心理上，被带到了"现在"，一直没有离开。

不敢面对内心深处那个真实弱小的自我，就谈不上改变自己

好吧，在小时候，我们太弱小，被人欺负，被人鄙视，因此感到恐惧，感到自卑，这难以避免。但是，现在要问一下，为什么很多人，就是走不出当时受伤的心理情境（无论他是否已经忘记了这个心理情境），在心理上站稳呢？为什么那么多年了，碰到了很多人很多事，他仍然恐惧、自卑，一直在重复着当年的套路呢？

回答是：心理保护的力量太强大了，那么多年来，我们已经被改变得太深了。我们变成了一个胆小怕事的人，一个窝囊的人，一个自卑的人，一个冷漠无情的人，一个很没有安全感的人……

没有打破心理保护，我们原来被压抑的自然情感，就不可能排泄出来，就不可能改变心理结构，改变自己。

但这不是全部的真相。

还有另外一个重大的真相：那么多年来，我们可能一直都不敢面对那个真实而弱小的自我！

不敢面对内心深处那个真实弱小的自我，就谈不上改变自己。

我们可以破译的一个秘密是：一个人之所以有心理问题，之所以变成胆小怕事的人或没有安全感的人，是通过玩心理保护，把真实而弱小的那个自我给压抑了或扼杀了实现的。它是一切心理问题的终极秘密。

所以，无论是走出受伤的心理情境，还是解决心理问题，或者改变我们自己，方法都是一样的。它就是：拿出勇气去直面或召唤我们真实而弱小的那个自我，去体验它所产生的自然情感，赋予它以力量，用它去突破一直奴役我们的心理保护。

这是在心理上站稳、解决心理问题、改变我们自己的终极方法。除此之外的其他任何方法，或者只是换了心理保护，或者没有触及问题，都是徒劳的。

这是我们必须要做的第一步。只有和一个真实的自我在一起了，我们才可能开始变得内心强大。

想要放下"心理保护",需要力量

直面一下真实的自我,承认它很弱小,承认它很不堪,承认我们曾经虚伪无耻,承认我们面对很多事情无能为力,承认我们没有什么自我价值感,真的很困难吗?真的有可怕的事情发生吗?

做不到这一点的人,我只能说他在人生中缺乏基本的诚实:对自己诚实。他也没有学会对自己的人生负责。

我们的自我就是这样弱小,
可是,有时候我们还强迫自己认为自己多么强大……

曾经有一个女生找到我。她只有23岁,大学毕业才一年。

她想做一个"事业成功"的女人,希望在未来几年,就能在"事业上"达到一个高度。为此,她按照某些职业规划和人生规划的套路,给自己设定了具体的目标,每一个时间段要达到什么目标,一旦做不到,她就会焦虑、恐慌。可是，越是急切地想成功，她越焦虑，而这又影响到了她头脑和心理上的发挥，工作大受影响。终于，弄到了抑郁、失眠的地步。

我以一贯的风格，直接告诉了她，她这样急切地想成功，是因为这三点：无价值感、自卑、好强。因此在心理上把自己体验为一个男人。她的"成功"似乎是治好这三点的万应灵丹。

她承认了。

我还说，她其实很屈服于社会优势排序。

她也承认了。

此后，我们聊了很久，我告诉了她一些解决抑郁和失眠的方法。我对她说不要那么焦急，毕竟才23岁，很多人25岁了，一切都才刚开始呢。而我，在26岁时，还自认为是一个白痴呢。

同时，我也希望她勇于去面对真实的自我，承认自己就是弱小，自己只是一个女人，不要去和别人攀比，不要在意别人的眼光，一切顺其自然，做好她自己，远比一切都重要。为什么就要看他人、社会的眼光行事呢？没有谁可以评判你的自我价值。

我想解开她身上的心理保护的枷锁，她已经被套得苦不堪言了。

她答应了。但第二天，一切照旧。

说实话我很失望，显然我的话她全没有听进心里去。

我们又继续聊。在聊的过程中，她进一步暴露了自己的急功近利和对社会优势排序的狂热。言谈之间，她表现出了对一个闺蜜的艳羡，说她如何如何优秀，在国外留学，几年后会有什么样的成功。她认为，做人就应该像她闺蜜这样，知道什么可以利用，可以让自己上位，她也要做到这一点。

我感到了一种悲悯。

我不反对她的价值观。可是，正因为这样想，这样做，她不要说成功了，都已在心理上、生理上把自己弄得抑郁、失眠了啊！都成了这个样子，工作都大受影响了，如何去成功？

我开始想，她为什么在前一天并不把我的话听进心里去，为什么不敢面对、接纳弱小的那个真实的自我？

当我们被心理保护给攥住时，要面对弱小的那个真实自我，是需要力量的。这个力量从哪儿来？

我们的存在＝头脑＋心理＋人格＋身体。我们的身体的功能，对于存在来说是生理上的，不是心理上的，所以，这个力量，跟身体没有关系，而只跟头脑、心理、人格有关。

但不可能从她的头脑中来，她理性能力并不强。

也不可能从她强大的心理来，因为她真实的自我本来就弱小，心理本来就弱小。

人格呢？对了，就是人格，她只能动用人格的力量。当一个人人格高尚，敢于担当，敢为正义而行动时，其产生的力量，是能战胜心理保护的力量，让他直面弱小的那个真实自我的。

可是，她似乎不属于这样的人。她的人格，已经被那种利用什么来成功的价值观，以及对社会优势排序的屈服给侵蚀了，并无多少力量。

在这里要插一句，假如有两个人，头脑的理性能力一样，遇到的心理问题也一样，自我的弱小程度一样，但 A 人格层次高一些，B 人格层次低一些，那么，A 一定比 B 更有力量阻止自己的存在变坏。因为他比 B 更具有对自己的责任感。

当我们什么都不行的时候，只要人格层次不低，我们仍然可以靠它来救自己。很多人在艰难困苦中，之所以挺了过来，最后获得了成功，靠的正是人格的力量。而很多人把自己玩烂，正是人格不行的结果，他们是栽在自己的人格手上的。

老天其实是公平的。

回到这个女生的话题，在非常短的时间内，无法期望她的头脑、心理、人格的力量，我只能出奇招。

这个奇招就是把她的悲惨现状说出来，让她无法逃避，同时，让她能够爆发出自然情感。

前提是在权威之外，我还给她一个安全、温暖、信任的氛围。所以，在说她的悲惨现状时，我也说到了自己，还有别人的悲惨历史。我说，这没有什么，我们必须承认我们就是这样悲惨，我们的自我就是这样弱小，可是，有时候我们还强迫自己认为自己多么强大……

她哭了，自然情感爆发了。

我鼓励她大声地哭出来。

在那一时刻，她终于跟真实的自我在一起。我相信她开始站稳了，虽然要走稳，路还很长，还得具备行走的能力。

但她还很年轻，才 23 岁。一切其实都不是问题。

释放自然情感，是一种心灵的洗涤

你已经看到，要在心理上站稳，要解决心理问题，要改变我们自己，我们必须打破心理保护，去释放跟真实自我联系在一起的自然情感。用它的心理能量，去驱散心理结构中那些和心理保护联系在一起的情感、情绪的心理能量。

这是真正的道路。

现在回看一下小明，再重复一次：他当初被人渣威胁，所产生的恐惧，是自然情感。人在那种情况下，有恐惧是很正常的，非常自然。可是，他因为害怕这种恐惧，害怕人渣，以后用心理保护来玩的那种害怕，就不是自然情感了。他的胆小怕事，正是心理保护下的这种情感固化后的产物。

同样，假如当初一个人小时候被人鄙视而产生自卑，是自然情感，以后玩了心理保护，见到在社会优势排序上比自己高的人自卑，也不是自然情感。

这个23岁的女生，她对自己弱小、无力、无价值的体验，是自然情感，而急切地想成功，艳羡闺密，不是自然情感，是心理保护的产物。

对于这个23岁的女生来说，在一个安全的、可依赖的氛围中，承认弱小、无力、无价值感的自己，痛快地哭一场，即可体验到早就久违了的自然情感。这种自然情感，会驱散弥漫在心理结构里的属于心理保护的艳羡、焦虑的心理能量。这是一种心灵的洗涤。不错，我们就是这样洗涤心灵的。

你可以想象得到，哭过之后，她会轻松很多。

小明呢？同样，也应该抛开所有的面子、大男人形象之类，拿出人格上的勇气来，拿出自己的担当来，痛快地承认自己当初和现在，的确很害怕，的确胆小怕事，这不丢人。他最好哭一场，返回当初的心理情境，直面现在的自己。当他这样做时，会感受到害怕，而感受到害怕，又会感受到耻辱、窝囊。这都是自然情感，他需要做的是让它们发泄。这是在排毒。

07

高手的竞争法则

我们在这个世界上所看到的很多东西,从政客演讲、宗教礼仪、商品展销、电视广告、房间装饰,到开业典礼、教学培训、请客送礼、制服诱惑、请示报告,无数现象,本质上都是表演,也是隐秘或残酷的心理博弈。

通往牛叉的路上，行走着一群伪装的人

只要有两个人以上，就有演员和观众，就有伪装

世界到底是怎么一回事，大多数人并不关心。对于他们来说，世界的真相是不可穿透的黑暗。他们的思维模式是：世界看起来像什么，它就是什么。

一只小老虎也曾经如此认为。

某年某月某日，一头驴被一个好事之徒用船带到了山高林密、瘴气弥漫的贵州，见没什么用处，便把它放养在山下。有只没见过世面的贵州本地小老虎正要出来觅食，一见驴那庞然大物的样子，差点儿晕过去：哪儿来的怪兽，这也太强大了吧！

如果非要用一个类比，那我要说，这只小老虎当时的心理感受，和鸦片战争时中国人第一次看到英国人的"坚船利炮"时有一拼。

你一定看出来了,这是我国著名文学家柳宗元讲的一个故事:《黔之驴》。柳宗元运用伟大的文学灵感编这个故事，当然是有着特定用意的。对于我们来说,这个故事其实是一篇博弈论的经典文献、一个识破伪装的经典教程。它告诉我们:你在一个人面前心理弱小,其实是因为你不知道他是在伪装强大,或仅仅长相很强大!

反过来说,当你意识到这个社会是依靠装来烘托出它的存在,并且能够进行分析,你在它面前就会变得心理强大!道理如前面我们所说的,装的本质就是虚弱,它缺乏与真实联系在一起的力量。

驴长得确实很装,又高又大,吼一声也像张飞的嗓子一样,震耳欲聋,搞得很强大一样。尽管它可能是无辜的,长得装酷真的不是它的错。

因为驴的一声长鸣,小老虎吓得半死,赶快夹起尾巴逃命。按照我们的理论,就是驴很装酷的那种样子,在被小老虎看见时,发出了一个信息,它快速地绕过小老虎的智力结构,刺激起它的恐惧,然后驱动它逃跑。

就"看上去像什么,它就是什么"的思维而言,我们可以想象一下小老虎在心里如何推理:驴长得那么装,很强大的样子,而且声音都那么强大,那它一定很强大;既然很强大,那它就要咬人,咬不过它,不赶快跑,难道想找死?

这一番推理自然与驴毫无关系,它仅仅发生在小老虎的心里——是它在心理弱小状态下的妄想性推理。

上面说过,驴长得那么装酷真的很无辜。但人长得很装酷,却可以利用这一点。我记得曾经有一段时间看电影电视时,最喜欢观察判断哪个是好人,哪个是坏人,好像看电影电视,就是为了找出谁是好人谁是坏人。回想一下,这种可怜的思维都是小时候看电影给害的。那时候看过的电影,谁是混进革命队伍里的国民党反动派,谁是战斗在敌人心脏里的地下工作者,从眼神、相貌上就一目了然:"好人"必然相貌堂堂,尽是帅哥美女;而"坏人"则猥琐丑陋、獐头鼠目。作为演员,长得这么装酷,演"好人""坏人"，活都干完了一半。

所幸，小老虎很快明白，驴的那种样子，或许只是长得很装，自己的害怕源于信息不对称。因此，必须保持心理定力，以智力结构去和驴博弈，通过试探—反应，搞清楚驴是否厉害。这样一来，注定了驴的悲剧性结局。

驴子的悲剧在于，它从来没有意识到，只要有两个动物以上，就有演员和观众。在小老虎的注视下，它的存在就是一种展示、一种表演、一种装酷，所有的信息都会传递给小老虎并被它所捕捉、解读。因此，自己必须善于伪装、控制信息。这就是博弈之道。装酷而没有意识到自己的装酷，最终的结果往往不是牛叉，而是傻叉。

"世界是一个大舞台""人生就是一场表演"……这是谁都知道的废话。

但很遗憾，大多数人常常会忘记周星星同学这句经典名言："其实，我是一个演员。"

在这个世界上，如果说一些人变得聪明的原因是他善于思考。那么，另一些人变得愚蠢的原因则是他连废话都记不住，都理解不了。

我们在这个世界上看到的很多东西，从政客演讲、宗教礼仪、商品展销、电视广告、房间装饰，到开业典礼、教学培训、请示报告、请客送礼、制服诱惑、斗鸡玩狗，无数现象，本质上都是表演。

在特定情境中，表演往往暗藏着博弈。

像《黔之驴》中驴子那样的角色只是少数。社会上的表演行为，大多数时候都是有意识的产物。下面我描画一下逻辑构图，捅破这里面的玄机。

（1）"社会"是一个合作—竞争体系。一个人无法独自生存，所以大家组成了社会，一起合作生产资源。

由于人的自私，以及谁都想获得那种比别人牛叉的感觉，因此对资源的分配，谁都想抢得多一点儿。

（2）资源的分配由各种游戏规则决定，最厉害的是暴力。但在一个和平而有秩序的社会，它只是战略武器，不能公开使用。

能够得到有效运行的游戏规则，一定要提供一个让大家遵守的理由，辩护说自己是合理的。

（3）就是说：A、游戏规则在观念和文本上必须展示给人看，必须表演出它的合理性；B、在运用中，一个人或一个集团，必须通过语言、动作、装饰等，提醒大家这个有利于自己的游戏规则的存在，并且必须得到遵守。

（4）因此，表演是一场场社会游戏能够继续玩下去的灵魂。

从古至今，能够在"社会"这个舞台上作为主角表演的，从来只是少数人，而大多数人只有看戏的份。而这些少数人，几乎都是些善于伪装，能够制定、解释、影响游戏规则的人，这绝不是巧合！

毫不夸张地说，伪装是从古至今支配一个社会资源分配最核心、最隐秘的精巧技术，它打造影响力、构造权力、操纵人的心理，是政治、商业、宗教的"第一谋略"。

说出这一点让人痛苦：成功在某种意义上取决于谁更会表演，而失败则是表演的失败——暴发户在别人眼中不是"贵族"，以及求职者无法获得职位，本质上都是表演的失败！

把稀松平常的东西玩出花样来，就是高手

在我们看来稀松平常的东西，或许也是在表演。请看下面的例子：

A. 你走进一家服装店，店里装修豪华，售货员统一穿着某种制服，保持着不卑不亢的态度，里面各种服装摆放有致，显得极为气派。你的第一反应是：档次不低！

B. 领导对你发了一通脾气，你很委屈，然后他又好言抚慰你，那个时候，你觉得对他又敬又怕，甚至有莫名的亲切感。

C. 你从来没有想过，领导的办公室为什么要单独一间，并且装修高档，这不是基于构造权力的有意设置，而是很自然也不需要多想的一种现象。

D. 你出席了某个聚会，有你开始不认识的人暗示或吹嘘某某长官或名人和他有某种关系。

E. 你从来没有想过，大专生没有什么"学位帽"（因为没学位），而本科、硕士、博士有不同的学位帽，这是一种礼仪上的包装，目的在于确认身份地位的区别。

F. 在办公室里，当上司当着很多同事的面说你工作不错时，你认为，

上司只是在表扬你,你心里乐滋滋的,而没有想到他是在利用你打压其他人,并可能把你推到"全民公敌"的境地里。

在这个世界上,存在着很多我们觉得稀松平常而从未加以反思的东西。而越是不能引起我们反思的东西,一旦它准备操纵我们,往往轻而易举。

比如,除非实在是没条件,否则领导绝对会有一间单独的办公室,而不会和员工挤在一间大办公室里办公。这么做的目的,不仅仅是体现领导的地位、权威,尤其重要的是必须保持权力的神秘感。不设置神秘感,就无法确立权力的有效性。

权力不是什么独立的东西,而只是一种统治—被统治、管理—被管理的支配关系。维持这种关系固然需要以惩罚为后盾,以奖励为诱导,但如果不伪装,它并不比柳宗元笔下的那头驴子更让人敬畏。

"本色演员"干不过伪装者的秘密是:
他们无法把真实的自己隐匿于黑暗

通往牛叉的道路上,行走着一群伪装的人,背后跟着一群摇旗呐喊的傻叉。

在这支浩浩荡荡的队伍里,刘邦是当仁不让的先驱。

秦二世元年,也就是公元前209年的一个夜晚,作为秦帝国的一个乡长,邦哥感觉到人生已经走到一个十字路口。

想当初,他是一个逍遥自在的流氓,平时和人赌博,发了工资就去休闲中心洗头按摩,没钱吃饭了,还可以领一帮狐朋狗友去自己嫂嫂家混吃混喝。但是,自从接了个押一帮罪犯去骊山充苦役的差事,这种美好生活就成了往事。

当时的情况是，雨一直下，气氛不算融洽，罪犯们利用大雨泥泞的掩护，一会儿就逃走几个，气焰有点儿嚣张。而邦哥当时只有两名马仔，想砍罪犯，根本不是他们的对手；不砍，罪犯逃光了，自己只能被上级领导砍。在那一刻，他仿佛听到了哈姆莱特的经典句式："牛叉，还是傻叉，这是一个问题！"

人，有时候是被逼的。在社会改变的关头，很多人的处境大致一样。但成功者比别人占据一个优势，就是他总能冷静下来，嗅到机会。

站在秦朝末年的那个夜晚里，刘邦透过岁月的烟雾，好像看到了那个将端坐于汉朝有限公司总裁宝座上威风八面的自己。现在，他被逼着要做一笔风险投资。他要挖到第一桶金！

办法是：装！

还原一下当时刘演员的动作和语言：猛灌一杯酒，很决绝、潇洒地把碗一砸，然后充满豪气地对罪犯们说："弟兄们，你们要是到骊山，绝对死定，我现在把你们放了，逃命去吧！我也走了。"众罪犯一愣，然后有人带头，其他人也跟着一起高呼："老大，我们不走，你去哪儿，我们都跟着，给你提鞋都行！"

为什么会有这种效果？我们来分析分析。

假定刘演员大义凛然地号召"大家一起反了"，可以判定这是一个愚蠢的策略。原因很简单，罪犯虽然无论逃走还是造反，死亡的概率都非常大，但仅仅是靠生命本能来驱动自己的选择的话，选择公然反抗，在心理上只会感觉到死得更快更惨！石头追着砸鸡蛋当然无完卵，但鸡蛋自己去砸石头，岂不很蠢？

注入情感因素呢？那就完全不一样了。注入情感就给选择注入了意义，注入了道德因素，就把他们从一个怕死的个人变成了要演一出戏给别人看的演员！

而刘演员在那种情况下，恰恰就可以利用他的身份来给他们注入情感因素。他不是押着他们去充苦役的领导吗？"放"罪犯逃命，尽管其实是一个伪命题，但在罪犯的心里，却等于是刘领导冒着杀头的危险，执意要救自己一命！

对这样会装的大哥，不跟着他混，跟谁？

在秦朝末年争夺天下的残酷较量中，仅仅从装的素质上来讲，就决定了项霸王最终只能被刘无赖淘汰出局。原因很简单，项霸王是"本色演员"，演的是真实的自己，因此在智力结构上缺乏防御，而刘无赖演的只是一个"情境角色"，真实的自己隐匿在黑暗之中，一直在窥视着对手。

装，从来都是维持牛叉的必要手段

领导不拆穿下属拙劣表演的秘密是，
这等于是自我拆台

我读初中时，有两个老师在我们班上的不同地位对我产生了极大的心理震慑。

A老师是个男老师，长得一副威严的面孔，50多岁，上课也挺认真，但是，他在我们班的学生面前毫无师长的尊严。

他上课时，除了喜欢学习的学生外，没人拿他当回事，经常是他在台上讲他的课，下面的学生该打瞌睡的打瞌睡，该嬉笑打闹的嬉笑打闹。甚至，在他面朝黑板用粉笔写字时，还有学生拿捏成团的纸打到他背上。他猛回头发怒，却又不知道是谁打他，只能颤抖着作罢。这种局面持续了两年，一直到我们班毕业为止。

B老师是个女的，30多岁，表面上看起来并不威严，然而，她却是我们班学生最惧怕的一个老师。上课时没有人敢打瞌睡，即使最不想听课的人，也得装着看黑板，一副认真听讲的样子。只要她在教室里一出现，班上同学那些调皮捣蛋的行为就自动中止。至于在她背后做鬼脸（有少数同学往往喜欢这样表演以便让大家认为他是个英雄）和拿纸团打她，就更无从说起了。我相信很多人都有这样的念头，但事实上，直到她一年后不再教我们，我都没有看到有谁敢这样做。

看起来真的很奇怪：一个威严的男老师居然被学生任意侮辱，而一个并不威严的女老师却镇住了所有的人。是因为学生有怜香惜玉之心吗？完全不是！多年以后，我对此进行了思考。

我的结论是：他们之所以有如此的地位反差，完全在于第一次走进课堂给学生上课时，他们采取了不同的策略。B老师一上来就以语言、动作、眼神明确地给学生传达这样的信息：按照学生必须听老师的游戏规则，在课堂上她才是主人，由她说了算，学生必须知道她是谁，学生们自己又是什么身份！

而A老师却没有。我记得，A老师第一次进教室给我们上课，除了先做自我介绍以外，和他以后的行为没有任何区别，都是一上来，班长喊"起立"，然后就说今天上什么课，然后再在黑板上板书，下面的学生如何反应似乎并不在他的关注之内。今天看来，这是多么致命的错误！

很简单，他不知道，他在学生面前的所有言行都是一种表演，更是一种博弈！

他可能已经预设了这一点，那就是学生应该听老师的。然而，这种师生的关系只是一种制度规定，一种社会观念，它要变成现实，就必须在彼此的互动中通过表演体现出来。他以为他是老师，自动地就可以让学生尊重他、敬畏他，然而他错了。如果他表现得并没有一个老师的威严，那么，学生就会欺负他。

事实上，由于一开始存在信息不对称，学生并没有敢放肆，而是在他进门上课后表现得很乖。原因很简单，此时他是个什么样的老师这一信息还未被学生掌握，没有谁敢一开始就冒着风险不尊重他。学生是通过他的行为来解读并判断他是个什么样的老师的。

遗憾的是 A 老师介绍完后就直奔主题讲课，而没有花一点儿时间用双眼威严地扫视一下整个教室，以告诉学生他是谁，他才是这儿的老大。更致命的是，他忽略了这样一个问题：学生肯定会通过试探来判断他是个什么样的老师，以决定对他采取何种态度。

因此，在学生开始试探他，出现不认真听课而讲话的行为时，他也没有严厉地呵斥。这等于告诉学生这一信息：其实在他上课时是可以不尊重他的。但这还没完，试探仍然在继续，而他仍然没有及时地表现出一个老师应有的威严。不必等到学生拿纸团打他，只需要试探几次，他的发怒就已经没有用了，因为他是个可以捉弄、不受尊重的老师形象已经被学生定型，他已经沦为可以侮辱的对象。学生拿纸团打他，唯一的顾忌只是让他抓到而已。

而 B 老师恰恰相反。她在第一次进教室门后，面无表情地做了简单的自我介绍，然后站在黑板前威严地扫视了教室几分钟，没有人敢和她对视。她等于无声地宣布：从今天开始，我就是这儿的主人，你们都必须在我面前放规矩点！她要用目光把学生任何不遵守课堂纪律的念头压下去。

这并没有结束。学生仍然不可避免地要试探她。在她讲课时，我看到有一个同学开始挤眉弄眼地和另一个同学说话。这时她眼睛一瞪，快速地大喝一声："坐好！"（看来她早料到会有人这样做）那个调皮捣蛋的同学被震慑了一下，不再说话，但脸上还是一种无赖相。她快步走到这个同学面前，猛地一敲桌子，再对他断喝一声："放规矩点，要不然你给我滚出去!"并一直怒视他,直到他垂下头去。离开这个同学的座位时,她还对整个教室的每一双眼睛瞪了一圈,每个人都噤若寒蝉。

任何对权力关系敏感的管理者都明白,只要制度给的权力不足以让他对手下的员工生杀予夺,那么,他就必须预想到这一结局,即他的权力会受到员工明里暗里的抵制和消解,迟早会有人不买他的账。所以,他一上来就必须告诉员工他是谁,绝不能拖到第二次!

遇到挑衅,你对别人做出什么反应,往往决定了他对你的后续态度和行为。在别人不了解你的时候,制造出一个强大的印象,往往是我们的一种自我保护。在你造成的印象一再地不利于自己时,想挽救是很难的,因为这意味着要改变他人的心理结构!

有时候,表演是不需要用语言的。用表情、姿态、动作传达信息,更能迷惑人。

在心理上输了，就永远输了

在残酷的伪装博弈中，
一个人在心理上输了，他也就输了

公元前495年，越王勾践被吴王夫差打败。在千钧一发之际，他买通夫差手下的一个干部，说服夫差饶了自己一命。

但只要自己活着，就存在翻盘的可能，对于夫差总是一个威胁。所以，勾践为了保存自己，必须想个办法，消除夫差的戒心。

什么办法？帮夫差吃屎！

这是古往今来最震撼的表演。一个老大居然可以帮另一个老大吃屎，自贱到这种地步，比黑社会火拼时，一个老大跪下给另一个老大喊"爷爷"壮怀激烈多了。

一个老大跪下给另一个老大吃屎意味着什么？夫差会认为，勾践吃屎，表明他在心理上已经彻底被打垮，彻底服了？夫差根本就没那么傻！一个人屎都敢吃，表明他何其忍辱负重，隐藏的仇恨何其强烈！那为何夫差会被勾践的吃屎骗过呢？原因很简单，老大一吃屎，在小弟们面前就灭了威风，就混不下去了，还报什么仇呢？

但夫差失算了，他没弄明白，勾践吃屎就代表了越国被迫吃夫差和吴国的屎，全体越国人民反而会同仇敌忾。

以江湖的残酷为例，我们来分析一下，假如一个老大被别的老大打趴了，他该不该吃屎？这涉及表演和博弈的复杂问题。

双方实力极不对等

在这种情况下，势力弱的老大被强迫吃屎，实际上羞辱不是太大，还是有某种"合理性"的，因为实力如此不对等，吃屎在人们看来可以理解。同时，在这种实力对比下，吃屎可以获得"能忍他人所不能忍，方能成他人所不能成"以及"大丈夫能屈能伸"等观念的辩护。

同时，吃屎不一定就只是呈现给在场的人这种解读：这位老大已经被击垮，老大的雄风荡然无存。事实上，吃屎不一定就是表现为已经被击垮，它仍然可以表现这位老大心理上的强悍，老大的精神不倒。

进行残酷的心理博弈，讲究的就是不露怯。不露怯不一定就是不怕死，它还表现为不怕砍断自己的手指，不怕吃屎等。关键是表现出果断，敢于承担任何后果。

请想象一下黑帮电影的镜头：当一个老大被强迫吃屎时，他眼睛丝毫不露怯，直盯着另一老大的眼睛，抓起一把屎就往嘴里送，一口吞下。这是一种怎样的气势？在场的人，包括对方老大，都会被他震慑住。

屎是吃了，但是，老大雄风还在，气势还在，还有在江湖上混的资本。

当然兄弟也还在了。

双方实力大致对等

这种时候，一般不会有一方老大叫另一方老大吃屎的可能性发生。因为，如果有一方这样进逼另一方，双方的火拼结果只能是两败俱伤，甚至同归于尽，对谁都没好处。

其实这个时候实力的较量已退居成背景，心理较量凸显到了前台。这时候真正是在心理上输了，就输了。

当两个实力大致相当的黑帮有摩擦时，一般老大是不会出面的，甚至还要装模作样地以兄弟相称，因为无论脚底下动作如何，双方表面上都不能撕破脸。撕破脸也就意味着进入了全面对抗，对谁都没好处。

所以，无论是抢地盘，还是做其他手脚，一般都是小混混或马仔在做，而且双方都要考虑对方的心理承受力。因为，如果有一方因为对方抢地盘或砍杀马仔而不敢回应，那就是露怯，会发生多米诺骨牌效应。

面试成功是表演的成功，面试失败则是表演的失败

多年前，我曾经目睹过一位 80 后的好学青年，在表演中改变了命运。现在还原一下当时的情境，提炼出一些有用的规则。

我把这位好演员叫作"80 后张"。他的师傅，我曾经的同事，我把他叫作"60 后李"。

"80 后张"当年进入我工作过的单位的时候，和"60 后李"一个科室。后者是这个科室里的副主任，由于性格以及其他方面的原因，他一直得不到升迁。可以想象，这样的人会啧有烦言。

你肯定知道，只要"80 后张"不笨，他就会明白，他进来只是一个新人，如果没有背景（他除了有一个重点大学文凭外，确实也没有背景，父母是偏远农村的，典型的凤凰男），他的命运一开始就取决于科室里的人，尤其是科长和带他的师傅"60 后李"对他的评价。而在任何一个单位，人们对新入职的员工这一角色都隐含有这样的要求：必须要听话、勤快、努力、对同事尊敬有礼貌。最好，他能把大家不愿干的杂活

儿都干了。

老同事对于新员工这种角色的要求，有心理补偿的因素在内，他们也是多年媳妇熬成婆，所以需要找到点平衡。但最重要的是，他们需要通过这种方式来降服新人，确立自己作为老员工的权威和优势，因为任何一个新人进入一个群体，一开始总带有不确定性，具有一种让人焦虑的威胁，这既是精神上的，也是利益上的。他们必须把这个新人收拾得服服帖帖，纳入一个可以由他们控制的轨道，按他们的游戏规则来玩。

他们隐含地不会说出这一点：这是新人换取他们认同的必要方式。

在他们对新人有合法伤害权的情况下，新人必须出演一个听话、勤快、努力、对同事尊敬有礼貌的角色。

用委屈一下自己来换取同事的认同，避免他们的伤害，好像这也很公平。

"80后张"是聪明的，但他比别人更聪明的地方在于，他知道别人会在他面前如何表演，而他又如何配合别人的演出。

他看到"60后李"至少在科室里有两种角色：

一种是"80后张"的师傅，副主任。这决定了"60后李"要在"80后张"面前表演一个有权威的老员工形象。"60后李"最饥渴的，是从"80后张"那儿得到足够的尊重，因为除了收获尊重，他无法从"80后张"那儿得到什么。

一开始，在"60后李"和"80后张"互为演员和观众互动时，"60后李"会演出一副不冷不热，甚至有点儿傲慢的形象。这是在暗示"80后张"，作为一个职场新人，作为一个可以被"60后李"影响命运的人，"80后张"应该主动招呼他，向他表示尊重，给足他面子，这是职场的游戏规则所要求的。

然后，为了体现他是一个权威，"80后张"无论是否有兴趣，也无论是否懂，都必须演出一副虚心好学的样子，问他一些业务上的事情，然后装弱智，听他讲解。卖弄自己在大学里学的知识，以为可以和"60后李"对话，绝对是愚蠢的，因为这等于暗示"60后李"因为年龄的关系，已经在知识上OUT了，而他所拥有的最大资本，恰恰就是经验。

作为公平的交换，只要配合了"60后李"的演出，"80后张"真的可以从"60后李"那儿学得一些东西。但这仍然不够，因为这种交往，仍然仅仅是角色与角色之间的交往。在这种交往中，"60后李"是有所保留的，而且在内心里对"80后张"会有所防御。

这涉及"60后李"的另一个角色：一个懂业务但却得不到升迁的怨天尤人的老职员。

一般来说，这种人会演出一副"众人皆浊我独清"的形象，把自己的命运归结为他人坏而自己好，看不起这样，看不起那样。但他们从内心里知道自己在这个社会中是失败的。这种挫败感让他们急需工作角色以外的认同。换言之，仅仅认同他是一个权威并不够，你还需要认同他的处世风格甚至价值观，当然，这种认同，你只需要装出来即可。

对于"80后张"来说，最能让自己快速在单位立足的办法，除了在装出让"60后李"在自己面前显得多有权威时，还要在工作以外的方面和他套近乎，甚至选择性地谈到一些自己的私人生活，以及请他吃饭什么的。一旦拉近关系，"60后李"发牢骚，立马演出一副赞同的形象。对于新人来说，职场上的老员工远不像初看上去那样铁板一块，事实上，很多人都需要把新人拉到自己身边构成精神或利益上的同盟。"60后李"这种人尤其如此，他已经无法从单位的老员工那儿获得认同了，因为真正决定别人对他尊重的是权力，而不是业务。

"80后张"在演出上完全配合了"60后李"的表演，效果是明显的："60后李"不仅对他高度评价，而且给他透露了单位里的很多信息，非常有助于他看清情况，制定混下去的正确策略。

但是，对于"80后张"来说，这种表演只是权宜之计。一旦站稳脚跟，演出的舞台背景即发生改变，当初的角色也不复存在，这场游戏即宣告结束。再演下去的话是非常危险的，等于宣告自己永远只是一个龙套。

所以，后来我看到，"80后张"在得到领导赏识，准备提拔后，收回了他对"60后李"那种肉麻的尊敬。交往肯定是继续的，但只局限于角色（同事与同事）层面。他要确立自己的存在和价值，只有这样，在利益竞争中才有发言和博弈的资格。而这一点，"60后李"已经是一个绊脚石。

我曾说过，面试成功是表演的成功，面试失败则是表演的失败。下面我们来分析。

做一个想象力的实验，我们假设"80后张"还未进入工作单位，而是正在找工作。他大学刚毕业，疯狂地投简历，很幸运，他得到了一家待遇不错的公司的面试通知。

在公司走廊上，"80后张"看到了十几个打扮、神情和自己差不多的人。他们都是竞争者。

在获得面试机会前，"80后张"已经在简历里进行了装饰。在形式上，简历制作得简洁工整，富有个性。内容上，他对自己的能力和优点进行了有限的夸张。一句话，他的简历制作，本身就是在和无数竞争者进行眼球和应聘人员判断力的争夺。他力图让自己的简历引起招聘人员的注意，并说明自己简直就是这家公司所招聘的那个职位的最佳人选。

他的第一步成功了。

最关键的是第二步：面试。

之所以说是最关键的，是因为面试涉及人与人之间的互动，涉及临场反应和发挥，涉及心理上的博弈，面试考的就是一个人对"能力"的表演。

道理明摆着,所有竞争者的"能力"只能说是潜力或尚待证明的能力,而且没有一个人对他人形成压倒性优势。另外,用人单位绝不会仅仅因为一个人的简历说自己有能力,就不看他的面试表现。在短短的几分钟、十几分钟里考察的不是一个人的能力,而是能力的预期。

既然如此,"80后张"必须定位好自己的角色,并评估考官对自己的角色有什么样的期待。

他的第一个角色就是"应聘者",一个找工作的人。这意味着,他的命运掌握在考官手里。这种不对等的博弈格局,要求"80后张"对考官表演出一定的尊重。

这个世界上的人虽然同情弱者,但如果弱者弱到看起来在人格和道德上有问题,他们就绝不会同情,反而是厌恶。一个并不弱的人,实际上骨子里并不喜欢和一个弱者打交道。不幸,人们非常善于找借口来合理化自己的这种行为。一个聪明的应聘者绝不能给考官以任何这样的借口。

所以,"80后张"在表演出一副尊重考官的形象时,也要表现得不卑不亢,显得自己具有独立而健全的人格。这是在承认考官的优势时,让自己显得有些档次,以给他们造成轻微的心理震慑。人都有一种奴性,一旦有什么东西让自己有点儿心理震慑,就会对之产生好感。把握好这个度,实际上是一种心理暗示,假如他们不录取"80后张",恐怕无法说服自己。

除此之外,"80后张"还有一个角色,那就是一个可以胜任所应聘职位的人,一个可以被假想为能够对公司有所贡献的职员。

第一个角色主要是面试时双方的身份,而第二个角色则是能力,以及考官对"80后张"胜任工作能力的明确预期。

考官对于"80后张"的这个角色的期待也很简单。他们会设想出一些自己认为多么聪明的问题来测试"80后张"的反应,然后判断他的回答是否足以满足录取他的标准,他的回答是否可以强化他们对他胜任那个职位的预期。

这个时候,"80后张"必须要当好一名观众,从话语、表情、考官相互之间的态度等来判断他们分别是什么角色,并配合他们的演出。

假设公司来面试"80后张"的有三个人:管人事的经理、部门主任、副总。这三种角色,都需要一一分析。

上面我们已经说过,考官要显出他们在"80后张"面前的优势地位。人事经理基本上不懂"80后张"所应聘职位的专业领域。所以,他如果不是很傻,不会问"80后张"一些专业领域内的问题(这是部门主任的事情),因为这是他的劣势,假如"80后张"发表了自己的见解,他就只有听的份,这会让他在部门主任和公司副总面前丢脸。他会利用自己的优势,问"80后张"一些关于职业规划或为什么想干这个工作的问题。回答这些问题并不难,但最聪明的做法是显得自己自信而有规划,并暗示人事工作的重要性,满足他的权威欲。

部门主任这一关最关键,也是最难把握的。有两大禁忌,一是假如部门主任能力并不怎么样,"80后张"表现得懂很多东西,对部门主任就会形成威胁,他不会为自己招一个对手。另外,如果"80后张"表现得不行,他也不想让自己的部门里多一个累赘。在他的信息并没有透明的情况下,"80后张"唯一的办法就是小心,不要暴露自己的任何野心,一方面让自己显得可以胜任工作,但同时承认部门主任在职位和专业上的优势地位。

副总这一关看起来最难,但实际上是最好对付的。由于"80后张"既不会对他形成威胁也不会给他带来累赘,所以他实际上需要看到的只是"80后张"这样的一种形象:承认考官的权威性,敏捷、聪明而有想法。

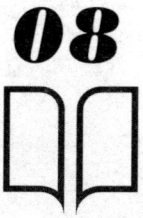

人生重生课

让理性逻辑能够控制住心理逻辑,不致被各种自己无法意识到,以及虽意识到但无法抗拒的心理逻辑吞没。它是我们获得心灵解放的第一步。

用理性控制情绪的几种方法

心理优势是使你免受伤害的武器。要具有心理优势的方法也很简单。用理性控制情绪。

在我们假设的例子中，当那个人凶神恶煞地指着你的鼻子骂你时，你的反应应该是：控制好自己的情绪，不要认为他对你友好或不友好，不要认为他是一个好人或坏人，也不要思考他为什么骂你。不，你只是在静静地观察他，看他那张因骂你而显得扭曲的脸，看他的表情变化。

如果你能够控制好自己的情绪，那么，这个时候你就不是在用你的心理和他发生联系，让他的话、他的表情刺激你的心理，而是用你的眼睛和他发生联系。你的心理已经"不在场"，他骂你对你来说已经没有效果。相反，是你在看他，他成了你面前的一个客体，在这个客体面前，你作为主体是"主动者"，这种优势转变成了心理上的优势，你会感觉到他的虚弱和可怜。

把观察心理作为日常习惯

在日常生活中，我们还可以这样训练自己。比如，当你因某事而焦虑，而恐惧，而变得抑郁时，你就要控制自己不要去感觉这些情绪，而是观察它，观察你的心理活动。因为感觉和观察不能共存，当你观察时，你就感觉不到你的焦虑、恐惧、抑郁，它们在你的观察中慢慢消散。这个时候，你实际上已经跳出了给你带来痛苦的心理情境，你是在另一边观察那些奴役你的东西。你会发现，焦虑、恐惧、抑郁实际上并没有什么力量。

用以上两种方法，慢慢地社会上的那些认知模式、情感模式在你身上消散，在心理上你可以摆脱价值观念对你的奴役。在你面前，你看到的是某一个东西本身，而不是它所附带的那些被强加的符号。当一个人开着名车在相对穷酸的你面前晃过时，这一幕并不会给你以心理上的焦虑和挫折。因为，你所看到的并不是什么名车，不是在社会优势排序上可以说明车主排序比你高、比你有价值的东西，它只是一个交通工具而已。

训练自己获得心理优势，只是让我们的心理世界获得不受社会上通行的那一套影响的自己的独立性，让理性逻辑能够控制住心理逻辑，不致被各种自己无法意识到，以及虽意识到但无法抗拒的心理逻辑吞没。它是我们获得心灵解放的第一步。

第二步就要训练我们洞悉存在真相的能力，通过认知的改变达到我们心理模式、人格的改变。这里有三个步骤：静心、对生活具有反思性、看穿各种观念的虚妄。

关于静心有多种方法，禅宗和印度的灵性大师们，比如克里希那穆提、奥修在这方面讲得很多，他们的话处处闪着智慧的灵光。我们可以像他们所提倡的那样，训练静坐和直观。

比如，我们先花上一分钟，静静地看着我们面前的任何一种东西，电脑、桌子、书、树木等都可以。在静坐时，我们不要试图做什么，只是双眼看着前面的东西，大脑什么都不要想，不要思考。当禁不住有念头涌上来时，一定不要理会它。如果在这一分钟之内，你能够做到了，你的直观不为心理活动所干扰，那么，你就会发现，你感觉到了你的呼吸，度过难挨的大脑一片空白和可怕的不适感后，你会变得更清醒。而这就意味着，你和你的内心开始建立了联系。好了，你可以再花上两分钟、五分钟、十分钟……循序渐进地训练，慢慢地，你的心就会静下来。此后，你做出什么选择，就会更多地听从内心的声音，面对人生荣辱，你会心如止水，波澜不惊。

对生活没有反思性的一个俗人与进行哲学思考的人最大的差别就在于，前者对生活没有反思性，他一生主要就是受两种本能——生物本能和社会本能——驱动，像一架机器一样被操纵，而他从未尝试去意识这一点。正因为如此，在认知上他没有超越给定的社会现实，在心理上也只能受奴役。而进行哲学思考的人因为对生活具有反思性，在认知上可以超越现实，甚至时代的限制。他能够看清支配一个人的各种心理和社会力量的真相。

这种培养反思性的训练并不需要一个人去思考哲学家们所思考的那类高深问题，而只是学会像哲学家那样思考，就是面对某个现象，不要满足于它"是什么"。不，你对"是什么"并不感兴趣，你感兴趣的是它的原因、理由，它为什么会是这样而不是那样。正如真正重要的并不是某个观点，而是支撑这个观点的理由、论据一样，你需要追问下去。比如，当我们的偶像被攻击时，我们往往会攻击那个攻击我们的偶像的人，这个时候，我们就要问一下：为什么？是因为攻击到了偶像，就等效于攻击到了我们吗？为什么会发生这种现象？到底是什么把我们和偶像扯在了一起？难道离开了他，我们在心理上真的不能活吗？

看穿观念的 N 种虚妄

我们经常对世界进行"人格失调性歪曲"。各种支配我们的观念似乎具有很大的力量。然而它们真的很有力量吗？

佛教一直强调，自我并没有一个牢固的形态。我们痛苦的来源是无知，是无法看穿自我的欺骗。我们的自我更多的是社会自我、假自我，正是我们把它们体验为"我"，我们一直活在虚假、幻觉之中，遭受各种痛苦。

从哲学上说，我们所看到的这个世界并不是世界的本相，它只是一个现象世界。而鸟、狗等所看到的世界，又是另一个样子。人类灭亡了，那只是人类所看到的现象世界不在了，鸟、狗所看到的另一个样子的现象世界并没有消失，世界的本相更没有消失。

同样，支配、奴役我们的各种观念，很多时候也不是世界本有的，它们只是我们的心理的产物，本质上其实是一种幻象。在《和尚与哲学家》这本书中，和尚曾经举了一个例子：当人在昏暗中看见一根杂色的绳子时，他很有可能把它误以为是一条蛇，并产生恐惧。他也许想跑，也许会用棍棒把"蛇"弄走。但是，如果有人点燃了灯光，他就会看到这根本不是一条蛇，他的恐惧感来自于对事物的错误认知。正是生活在虚假、幻象之中，让人产生了痛苦。

你也许会说，把绳子看成蛇这个例子说明不了什么，因为那只是一种错觉。不错，但像一个人的存在属性，比如哪国人、哪个民族的、哪个地方的人、哪种职业、男人或女人、信仰什么政治观点……尽管也是可以用符号客观地界定的，但它们之所以变成我们的自我的一部分，在心理上仍然是一种虚妄，仍然是基于我们追求心理生存的错觉。因为在我们的心理上，它们的存在不是本有的，那只是我们要追求安全感、认同感、归属感的产物。

恰恰正因为它们在我们的心理上不是本有的，我们用它们来获取安全感的结果不是真的获得了安全感，而是带来了痛苦，让我们受到操纵，甚至让我们心理变态。

这就是自我迷失的真相。看穿存在于我们身上的各种观念的虚妄，以及它们所对应的"实体"的虚妄，是我们找回自己、走向真实、解除痛苦的真正道路。它就是驱散人的恐惧的灯光。在这方面，没有哪一种认识和精神训练比佛教更深刻，更博大精深。

我们自己都感觉到，十年前我们狂热地捍卫某种东西，而现在这种东西对我们已没有一点影响。这就意味着，十年前的那个"自我"消散了。时间让我们得到了改变。要看穿各种奴役我们的观念的虚妄，粉碎自我的虚假，我们可以不求助于时间，而是求助于佛教所推崇的精神训练。

最主要的方法就是不要将注意力集中在各种情绪状态上，集中在启动它们的原因和环境上，而是要上溯到它的源头本身。

否则，一个观念出现，他就任自己牵引着，这第一个观念生出第二个、第三个观念，然后是一根由众多维持心灵混乱的观念形成的无穷无尽的链。

因此，一个人必须转向观念的源头，并考察观念赖以在他的精神中出现的原始机制。这意思就是说，当你在工作中出了某种差错时，你产生了悔恨、恐惧，这个时候，千万别去想你可能会被领导训斥，会让你丢人，会影响到你的奖金，甚至影响到你的升职等。也就是说，你不要去进行观念上的推论，让一个观念产生另一个观念，最终让恐惧把你淹没。不，你根本不理睬这一切，你只是追问观念的源头，非常简单，就是你犯了错。那么，解决问题太简单了，你只需要告诉自己不要在以后重犯错误，其他什么都不要想。

远离身边的"6 种人"

十几年前,我有个穷矮矬同事,在他面前我完全不敢说诸如"矮""低""丑"之类的词语,而且一直小心防御。果然,后来因乱开玩笑,另一同事死于其手。

我需要感谢当年这位同事的不杀之恩吗?

错!我要感谢的,只是我对他的心理的洞察能力。

为了保护我们自己,我要先提醒大家在平时要注意防御哪些人。

在这里,我只是罗列特征。对不同人的具体心理分析,我的心理分析方法著作已经写了,在这里不再重复了。

第一种人:性格孤僻的人

我老家有句话:"三天不讲一句话,肚皮鬼怪大",指的就是性格孤僻不说一句话的人。这类人虽然没有开口对世界说话,但心里一直对世界说狠话。

如果你身边有这种人，你惹不起的，躲吧，因为你哪怕说"请吃饭"，他都会理解成"请吃屎"。如果躲不过怎么办？那就要面带微笑，不要表现出对他本人的事情有任何关心，要充分给他面子，一定不要直视他的眼睛，绝对不能开他的玩笑。而且，一定要有心理防御和身体防御，这非常重要！

第二种人：极度自卑的人

一般来说，极度自卑的人既可能性格孤僻，也可能不那么孤僻。孤僻就是，他因为自卑，从世界上撤了，不和你们玩，只是在心理上玩不下去的时候，会突然跳出来给世界致命一击。而不孤僻，则是为了克服自卑，要和世界玩，要凸显自己的存在。所以，如果你的存在让他的存在相形见绌，他为了在心理上得到生存，就可能让你在生理上得不到生存。

极度自卑而又想开口对世界说话的人，最恨别人在某方面盖过他。

如何识别极度自卑的人呢？很简单，看一下他的家庭背景，是否有过悲惨的过去；看他的一些语言，是否具有攻击性；看表情，当某件事别人盖过他时，他的反应是不是失望、嫉妒。如果具备其中的两点以上，你就要高度注意了。

遇到极度自卑的人，要保持低调，低调，再低调，如果你不想得罪他的话。有时候，你的确没有得罪他，但你的存在，本身就是对他的得罪。所以，如果发生交往，还有必要狠狠地贬低一下自己。如果他在心理上能够鄙视你，你就安全了。

千万别去说会触到极度自卑者的痛处的事情，比如家境啊、容貌啊。

第三种人：心理阴暗的人

人生最大的倒霉事，就是有一个心理阴暗的人出现在身边，你无论做什么，都会成为 TA 阴暗心理的受害者。而如果你比 TA 优秀，比 TA 漂亮，那就更危险了。朱令，还有广西被分尸的小学生，就倒霉在有这样的同学，而且完全不知道别人的心理，也从未防御。

遇到这样的人，同样，你也惹不起的，躲吧。

躲不起？那就必须学会在 TA 面前，真诚地贬低自己，让 TA 找到存在感、价值感。千万千万记住，不要在他面前表现出自己多么优秀，多么快乐，多么漂亮，否则 TA 会在心理上活不下去，而 TA 在心理上活不下去，你在生理上就活不下去！

对这种人，一定要有心理和身体上的防御！

第四种人：面目阴沉的人

说要防御这种人，几乎是废话，因为他的面目、眼睛就是一个信号：他充满仇恨，而且要通过发泄仇恨来补偿自己，而你，一不小心就是一个目标。

躲远一点，不要对他有任何刺激。

第五种人：面目阴沉且目光呆滞的人

这种人就是"疑似精神病"而且是攻击性极强的人。

他最善于发动突然袭击，一跃而起，一刀就来。这几年，中国社会所发生的"精神病人"在大街上杀人，主要就是这种人干的。

看到这种人，既不要快跑也不要慢慢地走，要保持正常的速度；不要大声说话或有其他太大的动作，因为这些都是刺激这种人的攻击性的信号。

同时，千万记住，看到这种人，第一时间就要保持警觉，做好身体防御。万一他发动突然袭击，或者还击，或者逃跑，更重要的是逃跑！

第六种人：没出息但又自我感觉良好、心胸狭隘的人

这种人往往自视甚高，但又没什么出息，内心里有无可救药的挫败感。怎么办？一方面，认为自己多么牛；另一方面，去嫉妒或贬斥别人，双管齐下来维护自己的心理生存。所以他非常敏感，心胸狭隘，一不小心，你就会得罪他。对这种人，千万记得贬低自己，但不要有刻意的意思。同时，少说话，少接触。时刻保持心理和身体的防御。

高手权就是解释权

如果一个人在你面前说他是个坏蛋,你可能笑而不语,但如果他非要说做个坏人不仅是迫不得已,而且在道德上就是对的,你可能忍不住要批驳几句,对不对?

原因很简单,他定义了一种可怕的价值观,认为这个世界就应该按他的游戏规则来玩,威胁到了你的"自我",你一定要反抗他的这种价值观。

也就是说,他的表演把你从一名观众刺激成了一名演员,你不得不通过表演来定义你的价值观,反抗他对游戏规则的解释。

博弈,就是通过表演来展开对游戏规则解释权的争夺,游戏规则在解释中有利于谁,博弈的格局就向谁倾斜。

解释游戏规则,就是要调动对自己最有利的资源。

假设你参加了一个聚会,你的朋友给你介绍一位官员时,一定会说出他的职务,而不是他的其他社会角色。因为说出这个职务,你的朋友就调动了这个官员背后的资源,即:他掌握某种权力,可能对你有利,也可以对你有害,这是一种游戏规则。这样,你的朋友就有了面子,而那个官员在这个聚会中,就不会被人忽视。这就是有利于你的朋友和官员的游戏规则的解释。

解释游戏规则,有哪些玄机呢?

通过表演来完成

前面所说的那个女老师就是这样干的。她以语言、表情、动作等亮明自己的老师身份,让学生进入自己所解释的游戏规则的情境。一旦学生进入这种情境,就屈服于有利于老师的游戏规则,情况就会对她有利。

进行"形象包装"

一个人的衣着以及所开的车、所住的房子、所消费的场所等,会传达给观众一个他是什么人的信息。当他与别人发生表演关系时,这种包装就告诉了对方他应该受到什么待遇。所以,从心理强大来说,我们有必要在日常生活中培养这种感觉:看到一个西装革履、目光傲慢的人,你应该把他看成是一种很装的造型。注意,只是造型,这种造型的目的在于告诉你,他在社会优势排序上如何(正如你看到一个衣衫破旧的人时,你的经验告诉你他处于什么价值排序一样)。

谁都明白,越是装修豪华的宾馆、饭店、美容院,收费越贵。这不仅仅是成本高的问题,更重要的是它要进行有利于它的游戏规则的解释:它很高贵，是专门为高贵的人打造的。所以，一个人一旦在心理上进入了这个游戏规则解释的情境，挨宰就会觉得无可非议。

调动各种象征符号

一个 LV 包代表有钱，代表身份；标准的北京话代表一种地域身份的优越感；一个人的爸爸是李刚代表权势。当一个人肩挎 LV、说着北京话、说他爸是李刚时，就是在表演时调动了对他有利的象征符号。

在电视剧《雪豹》里，那个不懂打仗的张仁杰，就非常善于调动有利于自己的象征符号。日本人大兵压境，为了大权独揽，他秘密关押了独立团团长周卫国。遭到其他同志强烈质疑时，他抬高声调："我张仁杰是共产党员！"其实，这一行为和是否共产党员没关系，也不太像是一个共产党员的行为。但是，他在表演时，调动出了这一象征符号，就可以用它的杀伤力让质疑的人闭嘴。

有的象征符号具备杀伤力，因为它背后是强力，是强大的游戏规则。另外，有的象征符号虽然不具强力，但在特定的情境中调动，能轻易地进入人的心理结构，对人进行催眠。在一场老乡聚会中，一个人如果要表演成功，就绝不能讲普通话，而应讲熟练的方言，因为只有方言才能激起强烈的认同。

争夺有利的信息和资源

租过房的人大概都知道，房产中介是一个利用房东、租客的信息不对称吃饭的人。假定你到一个新的城市工作,你想找房子,然后找到了一家房产中介。其中一名中介员接待了你,给你介绍房子并带你看楼。这个时候,你和他就进入了一个博弈格局,你和他同时都成了演员和观众。

你对自己的目的非常清楚:花最少的钱租到最好的房子。而中介当然对自己的目的更明确:尽快让你签约房租最贵的房子,或至少是以最快的时间签约你看中的房子。

对此你也明白,你和中介打交道时,你对他的人格并不感兴趣,他对你也如此。你们只是两个角色之间的互动,或者说,两个演员之间的互动。

这意味着,你是通过中介的相貌、语言、表情等传递出来的信息来判断情境对你是否有利;他明白这一点,并且他对你也如此。

但显而易见,情况总体上对你并不利,因为你不一定了解当地,或那个片区的租赁市场的行情,他们对你来说都隐藏在"无知之幕"后面。这个行情就构成了中介和你博弈时,随时可以拿出来压你的一个情境。中介一定要表演出这一点来,即你对租赁市场不了解,并且说房子很抢手,当然,他会包你满意,虽然价格贵点,但你租的话一定值得。

那么,你该怎么做?只能和他争夺对信息的解释,装出了解行情的样子。

另外,有一件事情是不能忘记的,即除了你和中介,还有房东,这是一个三方博弈格局。从一开始,博弈对你是不利的,因为房东和中介在某种程度上构成了一个利益同盟。

但你可能也知道,房东和你一样,其实在信息上都处于弱势。尤为重要的是,中介的利益是独立于你和房东的利益的,为了保证他的利益,他既可以通过损害你的利益,也可以通过损害房东的利益来实现(在这里,我把不能谋取预期的利益最大化叫做"损害")。也就是说,他可以和房东构成利益同盟来让你签约,同时也可以和你构成利益同盟来让房东签约。

你所需要做的,除了摧毁中介的信息优势,还可以定义有利于你同时也有利于中介的情境,即在真的看中了房子后,暗示在什么价格上你可以被搞定,要求中介在价格上搞定房东。中介基于自己的利益,当然愿意这么做。

通过以上例子,我们可以看到,涉及对游戏规则的解释时,为了使博弈格局有利于自己,一个人有必要注意以下内容:

A. 最基本的意识。你和一个人互动时,你应该从你和他的角色关系上判断出你对他有什么样的期望,而他对你又有什么样的期望。即,你可以从他身上得到什么,而他又想从你身上得到什么?

B. 因为在一开始,你们之间的角色关系是确定的,假如这样的角色关系不利于你,你如何突破?

C. 在你和他一开始并不熟悉的情况下,他想从你身上得到想要的东西,需要借助什么样的表演?什么对他有利?他要怎样解释有利于他的游戏规则,包括一开始就亮出来的东西,以及处于背后却可以有意无意地亮出来的东西?而你如何应对?

D. 他肯定会从你的表情、神态、语言,或许还有职业、性格、地位等来捕捉你的弱点,并加以利用,你是否注意到,并一开始就有意识地控制自己的表演,使你表现出来的这些东西在博弈格局中有利于你?

E. 你是否也会相应地从他的表情、神态、语言、动作等来捕捉他的弱点？

　　F. 你是否想到，正如你在博弈时有一个承受的底线一样，他在和你博弈时，他的底线是什么？你如何保证在不突破他的底线时，获取你心理或利益上的满足最大化，或使自己心理或利益上的损失降到最低？

女人重生法则

不能排除当一个男人轻而易举就追到一个女人时,不懂得好好珍惜。但请记住,这个男人不珍惜女人,绝不是因为女人表现得不值得珍惜,而是因为他并不真正爱她。

做一个女人并把自己看成是一女人

有两点需要先说说：

不要在心理上变成"女权主义者"

在法国作家西蒙·波伏娃眼中，女人在男权社会的地位堪称屈辱。她愤愤不平地指控，女性是男性的玩物，是附属品，是"第二性"。

波伏娃是女权主义的师奶级人物，可以称之为女权主义的灭绝师太。但女权主义传到中国，却变样了。在一些所谓"女权主义者"（主要是些作家和白领剩女）眼中，女权主义变成了鼓吹女人不应反抗强奸（因为在性方面要消除和男人的不平等）、控制男人、性自由。

不论这些观点如何，其立论都有一个隐含的预设，那就是抹掉了男人和女人在社会角色和心理特征上的差异。

从女人心理保护的角度，除非一个人像波伏娃一样，可以一辈子做哲学家萨特的情人而不结婚，可以有足够的钱玩个性玩时尚而且不害怕孤独，可以完全无视传统文化和家庭的约束，否则，最好不要在心理上变成女权主义者，因为这意味着痛苦。你和那帮强势的女权主义者不是一类人，你玩不起的。

从对女人的偏见中解脱出来

人类历史上有很多对女性的偏见，我们对此要强烈谴责，希望今天这类偏见在我们的心理上消失。

这类偏见的预设和"女权主义"的预设恰恰相反，就是不把女人和男人视为同一类人。在它眼中，女人是心理幼稚的动物，像小孩子或野蛮人一样。比如，在近代，尼采、叔本华这两位哲学家就很讨厌女人。前者的名言是："要去找女人吗？请带上你的鞭子！"

一个穷人为什么感觉在富人面前很窝囊，很不爽，很抬不起头？真正的原因不是他穷，而是他认同于穷和富的分野并从内心里都看不起穷人。同样，一个女人如果受到这类偏见的影响，她骨子里就看不起女人，而想变成男人。在社会生活中表现强势，就是她们努力遗忘自己是一个女人的重要方式。

偏见之所以是偏见，就在于它只是情绪的产物。一个人持有这类偏见的原因是，他只从古代社会女人的处境去界定女人，然后把它推导成男人和女人的差异是纯粹的生物学原因。这就像是先把一个人打残，然后说他生来就是个残废。

一个女人如果不幸被这两类偏见所影响，她就会看不清自己到底是谁。无法自我准确定位，从来都是我们最大的敌人，对女人尤其如此。

对于男人：你需要什么，而对方又在想什么

一直玩高傲的女人，往往会自食其果

有一种现象真让我痛苦。

总有女人声泪俱下地控诉："为什么他在追我的时候，对我那么好，好不容易追到手，却像变了个人，对我毫不珍惜？男人都不是好东西！"

这类女人描述的情况是：当初男人在追她们的时候，她们无论是否喜欢男人，都一直摆架子，玩高傲，一次一次地拒绝或假装拒绝男人，让他们感觉到她比别的女人更高档，更有价值。但在男人锲而不舍的追逐下，她们"感动"了，让男人得了手，恋爱或结婚。

她们有意识或潜意识地认为，自己那么有价值，不能轻易得手，男人拥有后，必然会好好地珍惜。然而，没想到的是，男人一旦得手，往昔的讨好就荡然无存，对她们突然变得那么冷了下来，甚至开始漠不关心。

这种巨大的心理落差，确实会制造出一批怨妇。

不管男人是不是好东西，真正的问题在于，这类女人在控诉之前就应

该想到，这一恶果在自己玩"高傲"姿态的时候就已经注定。

下面我们来分析一下，在爱情和婚姻市场上，女人采取的"高傲策略"胜算几何。

表面上看这是最优策略。根据中国的传统文化观念，男人是主动者，是需方，那么，供方为了确保自己能以最高价卖出，就要想办法包装自己，让自己显得价值不菲。这是一场博弈，需要使劲儿装。假如一开始就不包装自己，按照看上去的那个大致的市场价格（容貌、职业、学历、地位等）成交，购买了这一货品的买家，势必不会把它看成是一件宝贝，供方自然难以在以后保值增值。

女人的心理是：我玩高傲，不轻易让你得手，就显得比别的姐妹更有价值。另外，一件东西越是不能得到，男人一定越想得到。而在追逐这件东西时，男人也付出了更多的成本。所以，他得到了，肯定会好好珍惜。

错了，大大地错了！

这么想象男人，完全是不了解男人的心理。当然，很多男人对自己的这种心理，也不一定能意识到。

不错，不能排除当一个男人轻而易举就追到一个女人时，不懂得好好珍惜。但请记住，这个男人不珍惜女人，绝不是因为女人表现得不值得珍惜，而是因为他并不真正爱她，以及这样一种占有心理：被我占有的女人，已经失去了占有的魅力。

我想说，当一个女人喜欢一个男人，不玩高傲姿态，而是更主动去争取和表达，这在博弈中绝不是一个坏的策略。或者恰恰相反，这是最优策略。至于后来这个男人轻视她甚至抛弃她，不是博弈策略的错，而是自己没有看准人，在价值观、见识和眼光上面都有问题。

而玩高傲，注定只能自食其果。

男人的心理绝不是如女人想象的那样,只有对方玩高傲才会好好珍惜。当你在他面前玩高傲时,的确可能会让他感觉到你高档,他居然不能搞定你,他会感觉到一种挫败感、一种自身无价值感。

但是,如果这样的游戏玩多了,这个男人所涌起的情绪就不是你多么有魅力,而是恨你。严重的,甚至会在他的自尊心遭受到了打击后,在追求你的过程中,性质完全变了,他一定要把你追到手,不再是为了要跟你在一起,而是一副搞定你的心态,洗刷他自尊心被伤害的耻辱。

他的心理逻辑是:"你傲什么傲,老子就搞定你,看你还傲不傲!"或者"你不是很傲吗,结果怎样呢?"

所以,假如你真想和这个男人在一起,玩高傲最多只能玩一两次,掌握住度。当然,如果你并不爱他,那就要傲到底。

一个女人如果不知道自己的心理动机是什么,她就不会知道自己真正想要和可以把握的是什么

用浪漫和情趣包装的爱情可以让一个女人在心理上退化成婴儿。但其实,一个女人如果屈服于社会优势排序,在男人面前不清楚自己是谁,沉浸在自我想象中,也是如此。

我认识一个公司的女部门经理M,26岁,来自农村,长相普通。套用"凤凰男"的说法,或可称之"凤凰女"。

认识M的时候,我感到了震惊。26岁,就能长袖善舞,把手下的员工收拾得服服帖帖,在处理复杂的人际关系时游刃有余,而且善用各种手腕,把客户也哄得具有颇高的"忠诚度"。"一个天才的演员和能力超强的女

人"！内心里一个声音猛地向我传来。

但从她的语言、表情中我捕捉到，已经被社会优势排序的病毒高度感染的她，骨子有着无法驱散的自卑——学历、出身，或者曾经的贫穷。

在部门经理对员工、部门经理对客户这样的角色交往中，她的成熟世故远远超出了她的年龄，把真实的自己完全掩藏住，不让内心的东西干扰到演技的发挥。按照心理强大的理论，在保持心理结构不动，只以智力结构去和别人打交道的话，她的表现无可挑剔。

但在她的诉说中，我发现，在找一个可以结婚的男朋友这件事情上，她比谁都幼稚。

不是说她的情感出了问题，而是，她压根儿就没什么感情可言。

我捕捉到的信息是：她口口声声说自己很爱男朋友，但本质上，这只是她给自己设的一个骗局。

介绍一下她的男朋友：年轻，很帅，爱玩，是个小老板，出身城市，有房有车。但他并不爱她，表现非常冷淡。在他眼中，可能只有在他需要她做什么的时候，她才存在。

傻子都看得到，这是一种单向的"爱情"关系。她很危险。

M当然清楚这一点。事实上，她对男朋友的所谓"爱"，属于极为世俗的利益计算，以及让自己显得具有一个女人的"价值"的虚荣心。而有钱、小老板、年轻帅气的男朋友，恰恰就是她的一个理想对象。

这种"爱"，驱动力实际上是对社会优势排序的屈服。但在心理上她要否认这一点，给她的感情包装上崇高的色彩。于是，她在心理上想象自己对他有"爱"。"爱"这个概念和内涵，完全就在她的理解能力和体验能力之外。

我的目光穿过他们关系的迷雾，看到了她的焦虑。

假如有人问我，既然这个男人根本就不拿她当回事，为什么还维持一种男女朋友关系？为了说明问题，我想我只能从男人的角度粗鲁地回答：不用花钱而且随叫随到的为什么要拒绝？

M问我：有什么方法可以让男朋友对她好一点儿？我反问：你问过自己的内心吗？

一个人如果不知道驱动自己的心理动机是什么，他就不会知道，自己真正想要和可以把握的是什么。

按弗洛姆非常经典的真知灼见，在爱情婚姻被利益污染后，男人和女人便变成了一个"包裹"——一个包含着金钱、容貌、地位、收入、现在的成功和未来的成功机会的"包裹"。当他们相互估价、相互都满意后，"坠入情网"的现象便产生了。

M"坠入情网"是因为，她认为以自己的价格，买到了满意的俏货。但那个男人并不这么认为。

在爱情市场上，假如"坠入情网"的双方都感觉到自己交换到的货品可以让自己不亏，那么结婚、进入一个婚姻市场就成了一件自然的事情，双方从暂时性的战略合作伙伴关系，组建成了由契约来维系的家庭有限公司，共同合伙经营。

在这里，我们要恶狠狠地捅破这一点：假如人们是根据条件，根据社会的价值排序和审美观，而不是根据自己内心的感受来找男朋友或女朋友，那么，很多所谓的"爱情"都是假的。它是在双方成交后的一种自我欺骗和相互欺骗，目的是掩盖这是一笔赤裸裸的交易。

正因为这种成交既不是发源于情感又没有情感维系，所以，一个男人或一个女人在确定彼此的关系后，都会有失落感，都会留下遗憾。于是，只要遇到条件更好的人，或只是为了补偿，便往往会出轨。

人们往往感叹当今社会情感背叛和出轨、离婚防不胜防，却不知道，从自己当初的选择开始，就注定了今天的结局。

一个男人越是对家庭有责任心，他就越惧怕来自家庭的压力

如果一个女人的幸福很大部分来自于家庭，那么，真正地了解自己老公的心理，就非常重要。

有个网友讲了一个女同事的家庭，希望我能帮忙。情况如下：

女人 A 和老公 B 结婚 6 年，有个小孩儿 4 岁。曾经家庭和睦，生活有滋有味。但因为一桩生意没做成的原因，对 B 打击很大，从此和 A 沟通减少，也不回家吃饭，害怕与 A 说话，变得像陌生人一样。

A 考虑住在一起给 B 的压力更大，于是与小孩儿回到老家。分开之前，B 提出过离婚，理由是不能给母子二人幸福。A 没有同意离婚，因为 B 的人品没有问题，A 也爱 B，而且 A 知道主要是没钱的原因才造成这种状况。她认为，等到 B 哪天生意上去，一切问题就解决了。

背景 1：B 计划要买房，但由于生意没做成，所以买房的计划泡汤，这让 B 很内疚，感觉很对不起母子。A 并没有要求一定要买房，只要生活在一起开心就好。但对于 B 来说，他认为买房后就可以让母子过上舒服的日子，结果愿望落空，因此很害怕面对 A。

背景 2：B 比较固执，认定的事不会轻易改变。还有一点是死要面子。

B 现在的心理状况是身边朋友及家人的话都听不进去，比较封闭。和 A 分开半年时间，不会给 A 主动打电话，只有他儿子打电话给他，但没说

几分钟就挂。工作现状是还在努力去赚钱，感情方面没有第三者。A 过得比较苦，唯一的希望是 B 尽快赚点钱能走出心理的阴影，除此之外，没有其他更好的方法。

而如果 B 赚不了钱，她无法想象接下去的结果是什么。

网友问我：

（1）B 这种人的心理结构是什么样的？

（2）A 认为主要是钱的原因造成的，如果哪天钱的问题解决了，B 还能回到原来的他吗？

（3）如何才能让 B 走出现在的心理困境？

从表面上看，很多人都会这样给 B 下一个结论，那就是 B 具有责任感，希望能给家庭带来幸福。他在心里认同这是自己的道德义务，以此来维持自我认同。但因为没有能力履行好这种义务，他无法获得自我认同，即感觉自己没有价值，没有面子，所以采取了逃避的方式。只要他和老婆在一起，老婆的存在本身就会给他压力，因为这等于老婆在说他不称职，会刺痛他。

然而，我想说，看到这一点并不够。

首先，我想请问一下：既然是为了家庭幸福，在老婆并没有逼他的时候，为什么还要分居？难道他不知道这样实际上会导致老婆孩子痛苦吗？

可见事情并不那么简单。

一眼就可以看出 B 属于那种自我中心主义较强的人，但这种自我中心主义，不是与个性张扬联系在一起，而恰恰是与社会优势排序联系在一起。

我们承认，他认同于一家之主的角色，并且想要履行好。但是，把自我认同押于这种角色担当上，却暴露出这样一个问题：B 的目的并不是追求这种角色担当，而是把角色担当视作他确认自己价值的手段。

显而易见，B 想成功，想买房，不仅是为了在他人面前确认自己的地位价值，也是为了在老婆面前显示自己的价值。这是一种自我中心主义的表现，而恰恰由于自我中心主义和认同于社会优势排序，所以在他有钱之前，当然不可能和老婆在一起。

如果他的偏执是有个性的就好了，有个性就意味着他可以一定程度游离于这个社会优势排序之外，并且不只是以有地位、有钱之类来确认自己的价值。

可以相信，B这种人不会有第三者。

A对B的判断是对的，但她并没有真正了解B。没钱只是他这种行为的媒介而已，而不是原因。原因是他的心理结构。所以，如果钱的问题解决了，B可以暂时回到过去，但如果别的问题来了，状态很可能又被打破。

给A的建议是：不直接喊B回来，而是鼓励他，让他感受到自己和老婆孩子是一个命运共同体，因此，在老婆面前，没什么丢脸的；同时，间接地暗示他，家庭有太多的困难之处（不仅仅是金钱上的困难），都需要他的参与。

对于女人：对方在想什么，你在对方眼中又是什么

一个女人被另一个女人嫉妒、仇视，有时原因仅仅是：前者的存在让后者在心理上无法活下去

两个陌生男人之间所存在的敌意，远大于两个陌生女人之间。

秘密是：相互陌生的男人之间有着潜在的暴力上的威胁，而相互陌生的女人之间没有。

但是，如果彼此熟悉，甚至是同事，那么，两个女人之间所存在的敌意，就远大于两个男人之间。

秘密是：相互熟悉的男人之间，只有在利益上才构成威胁；而女人之间，一个人的存在本身就是对另一个人的威胁。男人通过利益的获取来证明自己的高档，而女人恰恰是通过和女人，特别是熟悉或是同类的女人的对比。因此，注定会有一些女人，她们的存在本身，就会得罪另一些女人。

女人 A 和女人 B 是很要好的朋友，B 的老公在外面有了第三者，所有的人都知道，那个男人是死也不回头的那类人。

B 原来心烦的时候，就会找 A 倾诉，而 A 也常常安慰 B，事情总会过去，她老公会回心转意的。有时 A 也义正词严地站在 B 的一边，谴责 B 的老公，帮她消消气。除了在感情方面 A 比 B 过得好之外，在工作的体面和收入上 A 都不如 B。

但尽管如此，后来 B 却不怎么和 A 联系了。A 给她打电话，她也很冷淡。A 非常无辜：我哪点没做好啊？

我说：你要想在她面前做得好，那就让自己在感情上也比她惨，也被老公嫌弃，你愿意吗？

问题根本不在 A 身上，而只在于这个事实：A 在感情的处境上比 B 好！

这一点太明显不过了。B 是一个心理竞争欲望非常强的女人，绝不容许自己在某方面输于 A。但是，只要她被老公甩了，那么无论她在其他方面如何比 A 更厉害，在 A 面前心理上都处于劣势。因为对于一个女人来说，被老公甩否定了她的一切价值——都那么牛叉，怎么还会被老公甩？

所以，只要在情感上输于 A 的事实无法改变，B 获得心理生存的办法只能是不理 A，以逃避在处境上和 A 的对比。

事实上，当 B 不再找 A 倾诉时，已经传递出这个信息了。她不再打电话给 A，传递的信息更是清楚不过。这个时候 A 就应该明白，她不应该再在 B 的面前存在。如果还可以保持所谓的友谊，那也得等到 B 可以在 A 面前炫耀、占据心理优势的那一天。还傻傻地打电话给 B，不仅仅是很傻很天真，而且在 B 的心理上，已经是不怀好意，主动刺激她了！

如果一个女人把另一个女人视为自己的陪衬品和附属物，那么，就"定义"了后者永远不能超过她

一个女人的存在，很可能就是另一个女人的威胁。而根据同样的逻辑，她也可能是另一个女人的陪衬。

1865年，法国作家左拉写了一篇小说《陪衬人》，揭示了这个残酷的真理。觉得自己没有姿色，不够吸引人吗？太简单了，利用两个女人在一起的对比原理，找一个丑女陪衬一下，立马就能让你艳光四射！

有了这种陪衬，才有了两个女人之间的友谊，或者反过来说，两个女人之间的友谊关系，就建立在这种陪衬之上！

而且，陪衬本身必然意味着一个女人在心理上可以对另一个女人居高临下，甚至控制另一个女人，使其成为自己的一种附属品。

有两个女人C和D，就是这种陪衬关系。

C和D是多年的朋友。初中时，D的学习不如C，但C从没拿成绩好的事打压过D。

后来，工作了，因为D家里有关系，找到一份比C轻松、挣钱多的工作。结婚时，D的老公比C的老公又有钱一些。

C对此没有什么感觉，因为她们的关系一直以D为主。比方说，她的衣服要D看了说好才买，她的打扮也要D来品评。如果两人都看上同一件衣服，大多数都是她让D买。对于这种以D为主的关系，在多年的朋友生涯中，C已经觉得非常自然。

也就是说，她觉得作为D的陪衬人、附属品非常自然。

但随着在社会上时间长了，C也变得成熟些，开始有了自己的主见，买东西再也不以D为主了。当D看到C自己选的衣服，一般都会现出一种

极度瞧不上的神情。但迷信于友谊的 C 也没计较，把它解释为 D 性子直。

C 一直当 D 是好朋友，有任何不开心的事都向 D 说。但当然，D 很少跟 C 说她的事。

现在，当 C 经过 6 年时间的奋斗（当 C 在奋斗时，D 在玩），条件比 D 好多了。所产生的一个结果是，她们重复了 A 和 B 的故事：D 不联系 C 了。而当 C 打电话给 D 时，对方也是表现冷淡，那种冷淡的态度就像贵妇敷衍平民一样。

和 A 一样，C 仍然不明白，自己到底在哪儿出了问题。

她不明白，唯一的问题就是自己的处境已经改变了。

作为 D 的陪衬品、附属物，要维持所谓的朋友关系，就"定义"了她永远不能超过 D。我相信，如果她能够理解到这一点，就不会对这种"友谊"有任何珍惜了。

在这个世界上，总有些女人会视另外的女人为敌

两个女人如果是同事而不是朋友，心理竞争同样残酷。在这个世界上，总有些女人会视另外的女人为敌。

有一个女白领 Q 为此很苦恼。她搞不清楚，为什么一个女同事那么敌视她。

她请我帮她分析：

我有个不同部门的女同事，前一段时间，我们的关系看起来好像还不错，当然只是表面看起来。我对她的印象就是爱出风头，喜欢邀功，背地里很

喜欢说别人的长短（听的时候我不说话，只是心里对她很提防，说不定在别人面前怎么说我呢）。很喜欢吹嘘领导怎么重视她了，说了些什么话，今天又做了什么，诸如此类。总之，让别人觉得，她很有本事，是领导眼里的红人。

不了解的人刚跟她接触，会以为她真的有点儿本事，也以为领导真的很重视她。当有一次我和领导聊天的时候，发现跟她自己讲的完全不是一回事。所以我前面用了一个词——"吹嘘"。

但是，当她知道老总是我同学的姐夫后，对我就很敌视。暂且用"敌视"这个词，我具体也不知道她到底是一种什么情绪。

我猜想，她觉得老总是很重视她，并且"偏爱"她，对这一点，她很有自信。可是得知老总对我平时的一些照顾后，她对我态度就有了很大的转变，在路上碰到，扭过头，趾高气扬地走过去；平时吃东西的时候，故意很大声地叫周围所有的同事吃，唯独不叫我（对此，我真的觉得很搞，但根本不在乎）。最要命的是，她在背后添油加醋地说些我的八卦。

我很确定，在她转变的过程中，我没有做过什么，以前觉得她好像有意无意地跟我比什么一样，没有深入地想。

我现在除了不当她一回事以外，没有别的办法，就是无视。问题是，她故意做出一些事情来，还是会影响我的心情。

这个女人很恶毒吗？她是职场小爬虫吗？并没有那么夸张。她只是有无边无尽的虚荣心。但是，我们的女白领Q的存在，让她心理严重受挫。

一个男人为了证明自己的价值，眼睛可以望着远方，看着未来，但是女人不同。如果身边的人都比不过，她的价值就无从体现。

假如一个女人的存在对另一个女人是一种威胁，那么在心理上非常自然，后者会想办法通过语言、行动来贬低前者，攻击前者。

假如非常不幸，你的存在得罪了另一个女人，就像上述个案中的女白领 Q，你该如何做？

我先讲一个故事。

大约在五年前，我在老家遇到了一个小学同学。多年不见，彼此差异非常大。在他眼中，我好像混得也算人模狗样，而他似乎处于水深火热之中，过着牛马不如的生活。由于以前关系非常好，我热情地拉着他到一个餐馆里去请他吃饭，准备叙旧。对于这样的人，这样的关系，完全可以敞开心扉说话。

但在说自己的一些境况的时候，我注意到了他的眼神——非常沮丧。我马上意识到，他拿他的现状和认为的我的现状进行了对比，我威胁到了他心理上的生存。于是我马上显得很自然地贬低自己，向他倾诉了我的悲惨遭遇。这样一来，他的沮丧消失了。

事后我庆幸，我制止了自己一个愚蠢的错误。当我们看起来好像比别人"优秀"时，一定要预想到这一点，这很可能会让另一个人感到沮丧、自卑。所以，有时候我们必须在别人面前通过语言或行为贬损自己，以照顾别人心理上的生存！这是对自己的一种保护。

当一个女人在容貌、家世、工作能力等方面比另一个女人占据优势，而她恰恰又只是这个女人的同事、朋友，而不是上级时，尤其需要如此。

如果像我们个案中的女白领 Q 那样，在一开始没有注意，事情已经到了这种地步，对方只有通过攻击、孤立自己才能获得心理上的生存呢？

攻击实际上是在心理上处于劣势的人的一种心理防御。在这里我们发现，女白领 Q 无法在这个女人面前采取示弱的策略，因为她无论是相貌还是背景，都比那个女人更有优势，这一点无法改变，而这个女人攻击的恰恰就是这一点，而不仅仅是她的姿态！所以，示弱无济于事。甚至，示弱在这个女人的心里面，还会被解读为一种变相的嘲弄。她非常清楚，即使这样，自己并没有在心理上占优势，因为并没有一个女白领 Q 在某方面比她更差劲的事实出现。

所以，假如女白领 Q 并不想和她对抗下去，同时也想让她对自己的攻击停止下来，最好的办法就是通过表演故意在她面前暴露自己的某些缺陷，让她获得心理平衡。

当你和另一个人一起被评价时，及早意识到对方会把你当敌人是非常重要的

另一个比较善良的女白领 P 的处境和女白领 Q 一样。不同的是，她遇到的女同事，属于比较懂得职场政治学的小爬虫。这样的女人更难对付。

P 进一家事业单位时，一同分进去的还有另一个女同事 T。由于 P 的成绩较好，受到的关注较多，这让 T 感觉受到了威胁。

一个例子是：一般单位上有什么事，总是通知 P，然后叫 P 通知 T。这意味着，尽管两人在一开始不存在职位上的分野，但在地位上已经有了分野，P 明显占优，受到重视。T 要反抗这种被边缘化的态势，而首要的一点，就是告诉 P，她并不是 P 的附属，在最初的竞争中，P 不要妄想骑在她头上。T 这种传递信息的方式甚至显得歇斯底里，比如，当 P 告诉她单位上通知 T 要如何如何时，T 迅速反弹，一迭声质问：怎么电话不打给我？我怎么不知道？什么时候打的？谁打的？

这是不友好的信号，对人没有戒心的 P 也觉察到了，于是跟 T 保持了

点距离。

告诉P自己并没有处于劣势并不够，对于T来说，必须在受单位宠幸上展开和P的争夺。由于新人都安排有值日，有一次听主任说对P比较满意，P听了并不在意，但T却听了进去，于是每天都去值日，一有空就去。这样，反而显得P比较懒。一段时间下来，T收获了成果，主任对P的印象明显变差，而对T重视起来，并且有培养她的迹象。

而P这种人因为善良，恰恰不想和T竞争，在T在的时候，她就不去值日，不想给别人一个她和T争宠的印象。另外，她去时看到T和主任在一起，心里也会堵得慌，感觉自己就像是一个局外人。

这彻底暴露了P的弱点：完全不知道自己的存在对于T是一个威胁。要让T感觉不到她是威胁，只有一种可能，那就是T已经可以把P踩在脚下。

T要在竞争中胜出，不仅要在领导面前争宠，而且要在同事中把P孤立。所以，第一步胜出后，她马上开始第二步，和同事拉关系，并形成了一个圈子。而在搞人际关系上，又是P的一个弱项。她做完事情后就回自己的房间，从不主动去找同事进行感情拉拢。

不仅如此，T还咄咄逼人，经常性地用那种审视的眼光看着P。她显然已经看准了P的弱点，就是心理越弱小的人，越无力抗拒一个人的挑衅和攻击。T要釜底抽薪，在心理上彻底摧毁P。

结果就是，P不仅在单位被边缘化，而且在她向我倾诉时，已经有了心理障碍了。

一个简单的道理P显然都没有明白：一同进单位的几个人注定会成为竞争对手，因为领导常常会根据他们的表现进行比较。比较的结果将决定他们以后的处境。

所以，作为政治小爬虫的T，一开始就对P防御、警惕。无论P是否想和 T 竞争，她都是 T 的对手，而且只能成为 T 获取职场竞升的牺牲品。在这里，除非 P 自甘于边缘化，自甘于遭受 T 的打击和羞辱，否则，根本没有退路。

作为女人，如果你不想被
一个具有施虐欲的女上司当成敌人进行攻击，就只能满足她的控制欲

假如作为女人，你遭到的是来自女上司的敌视和攻击，你怎么办？

Y 非常痛苦。她痛苦的原因来自上司，一个部门经理。

部门经理属于攻击型性格，不幸的是，Y 恰恰是她攻击的对象。

事情的起因是：公司曾派下来一个项目，部门经理觉得她们部门完成不了，不打算接这个项目。而 Y 在这方面有些积累，觉得可以完成，建议她接下来。

部门经理担心，接下来如果完成不了的话，那就要承担责任，于是让 Y 以项目负责人的名义接了下来，明确完不成任务由 Y 负责。

但经过一番努力，项目完成了，部门得到了一些奖励。Y 本以为是一件皆大欢喜的事，但不幸出现了，部门经理说 Y 有意和她作对，要想以此抢功，顶替她的位置，因为一年之后公司有重大人事调整。

Y 始料不及。

从此，Y 的苦日子就来了。部门经理故意不安排项目给她，让她无事可做。而部门经理向公司领导汇报工作时，却说 Y 拒绝接受她安排的工作。部门经理还经常对 Y 进行训斥，甚至人身攻击。

在公司，各部门经理都可以一手遮天，除了各部门经理，其他人几乎没有机会和公司领导直接接触，工作好坏只能由各部门经理向公司汇报。

Y 判断，部门经理这么做的目的，就是逼自己跳槽或者败坏自己的名声。但经过观察，她也发现，部门经理有时攻击自己时，并没有特别的目的，纯属发泄。

这种生活简直像地狱一样。Y 觉得受不了，想过跳槽，但是又不甘心逃避。因为跳槽，很多在这个公司的基础就没有了，到别的公司还得从头再来。想到自己的职业生涯可能毁在小人手里，Y 感到命运的不公。

这真是一个不幸的故事。Y 判断得很准，部门经理是一个攻击型性格的人，一个施虐狂。

大多数"事业心强"的女人都具有施虐—受虐的性格特征，因为在男权社会里，她寻找"自我价值"的方法不是发挥自己作为女人的角色，而是按男权社会的逻辑，像男人一样追求"成功"。所以，她具有施虐的先验渴望，对不服从她、比她弱的人具有极强的控制欲和攻击欲。但另一方面，她内心里又渴望一个比她强的男人能够控制她，让她能够体验到自己是一个女人。

那个部门经理是 Y 的上司，这意味着什么？意味着在她眼中，Y 根本不是一个可以让她满足受虐欲望的人，Y 比她在地位上弱，无法降服她。那么，要想不被她当成敌人进行攻击，Y 就只能满足她的控制欲——就是说，Y 要在她的心理结构上变成她的一部分，对她绝对听话！

但 Y 在那个项目的事情上，所做的已经超出了部门经理的控制。Y 不再是部门经理心理结构里的一部分，而是一个威胁她的权威的人。只要 Y 在她眼皮底下存在一天，事情就会是这样！

我们要问：Y 向她求饶行不行？不行了。自那个事件发生后，Y 就已经逸出了部门经理的心理结构，在心理上超脱于她的控制之外，除非又有另一个同事比 Y 更挑战部门经理的权威。但这只意味着部门经理的攻击会更多地转移到那个同事身上，而不意味着她就可以放 Y 一马！

求饶不可能，那只能斗。而这需要 Y 忍辱负重，联合受部门经理压迫的同事，找准机会造反。在这其中，最关键的就是，要突破公司这个"专制政府"在权力控制系统中设立的沟通渠道，绕过部门经理把信息传递到最高层。

答读者问

战胜自己绝不是和自己作对。心理强大的秘密之一是理智与情感、头脑与心灵的和谐,即自我没有陷入冲突。

说"战胜自己"是一个错误

战胜自己绝不是和自己作对

▷ 问：

我觉得，相对于这个险恶的世界来说，更棘手的是自己本身。

我们也许可以强大到面对任何人都很从容，但不一定能够战胜自己。

我的意思是，战胜自己真的比战胜这个世界还要难。有时候运气好的话，可能莫名其妙就成功了，但战胜自己，从来就没有侥幸的情况存在。

怎样才能战胜自己呢？

我知道，我缺乏的就是所谓"行动力"，已经到了极为严重的程度。我曾经离家出走，去寺庙里求神的帮助。也尝试着学习尼采的"强力意志"，也尝试着去接触所谓的"成功学"，但都没有什么用！

我非常迷惑，并且有着时不我待的强烈感受。

请指点。

▶ 答：

提问题的思维就是错误的。这是所有想"战胜自己"的人的误区。

什么叫"战胜自己"？我们把一个能够"战胜自己"的人当成了不起的强者，他似乎在和自己的战争中赢了。

但其实如果一个人和自己作战，他必输无疑——因为他会陷入自我的冲突与分裂之中。

战胜自己绝不是和自己作对。心理强大的秘密之一是理智与情感、头脑与心灵的和谐，即自我没有陷入冲突。

真正来说，我们不是和自己作战，而是洞悉外部世界用来控制、奴役我们的自我的东西，并把它们从自我的结构里清除出去——我们是在和它们战斗！

我们要做的，不是对自己下手，而是了解控制我们心理的那诸多规律，理性地审视它们，摆脱盲目被规律操纵的动物和机器人的命运。知道这些规律是怎样操纵我们的，你就可以防止别人操纵你。

一个人为什么容易愤怒

▷ 问：

我希望自己的心理变得很强大。我很容易愤怒，有时候知道自己的发怒是在犯傻，对于达到自己的目的没有意义，但克制不住。我的情绪非常容易被别人和环境所左右。

我的愤怒和性格有关。我初中时就变得很易怒，之后也是，一点儿小事我就会发火，而且我只要心理上已经愤怒了，就没办法克制，就会发泄出来。

因为非常容易愤怒，我失去了太多早就应该拥有的东西。

现在我希望能重新得到这些，但总是很容易失控。

▶ 答：

错了。你的愤怒和性格没有什么关系，而是和恐惧有关。初中时，一定有什么事情发生，在心理上让你陷入恐惧之中。而直到今天，你都还没有找到安全感。

怎样才能无欲则刚

▷ 问：

古人早就讲过：无欲则刚。

你对什么事情有欲望，你在这件事上就强大不起来。

比如我。我面临一个比较关键的问题：我也想心理强大，但是所有的东西都掌握在别人手里，谈判时强大得起来吗？

外表已经是孙子了，心理强大完全失去意义。我无法维护自己的心理防线。

▶ 答：

有人说过，在这个世界上，只有两种人才无所畏惧：一无所有和应有尽有。

没有欲望，心理当然强大，但这是用取消问题的方式来解决问题。喜马拉雅山修行者的心理强大让无数人望尘莫及，但绝大多数人都无法选择远离"社会"去修行。

如果所有的东西都掌握在别人手里，那就不叫谈判，而叫等待别人屠杀。如果不是，表明你都不知道自己在博弈时的优势是什么，又该如何出牌。

事实上，问题根本不在于一个人有没有欲望，而在于能不能控制欲望，防止它扰动你的心理结构。做到这一点，就是无欲则刚。

我经常有一些诡异的行为和想法

▷ 问：

我有一些诡异的行为和想法。不要忽略我！

（1）我经常撒一些无意义的谎言（比如别人问我你喜欢绿色吗，我会说我喜欢蓝色，虽然我明明喜欢绿色）。

（2）谎言被识破时，我仍会死不承认。

（3）我明明对同异性交往不感兴趣，但还要经常假装自己是个花痴，让朋友取笑我。

（4）虽然克制得很好，但我很容易想和朋友争她喜欢的人或喜欢她的人。

（5）极度厌恶虚伪。

（6）不喜欢女生一般的姐妹淘关系。认为只要心有灵犀，志同道合就行了，不要腻在一起。

（7）我可以但不喜欢和人交往。对气味不投的人很冷，不愿有更深的交往。但和好朋友在一起时我会变成很嗨的人来带动气氛。

▶ 答：

（1）你在制造烟幕弹让别人无法窥见真实的自己，以进行自我保护。

（2）你当然不会承认，承认就意味着你的自我暴露了。

（3）朋友的取笑对于你来说，在心理上恰恰是一种价值的肯定。你假装自己是个花痴，是要证明你有吸引异性和与异性交往的能力！

（4）没办法，你骨子里无法容忍你身边的人或和你情况大致类似的人把你比下去。

（5）你是自卑型的人。自卑型的人都极度厌恶虚伪，原因有三：自卑型的人也玩虚伪，害怕从别人身上看到自己的影子；别人的虚伪对于自卑型的人来说制造了一种假象，从而增加了危险的系数；自卑型的人骨子里都要想象自己高傲，而高傲的证明之一即是对生活俗套的厌恶。

（6）对于自卑型的人来说，和任何一个人过度亲近都是危险的，自卑型的人本质上是孤独者。

（7）我可以想象，即使在变得很嗨的时候，你也知道自己是在演戏，而且随时担心演砸。

爱情就像是在大街上找人

▷ 问：

我的问题老生常谈：失恋！

我认识了一个我非常喜欢的人。就像所有第一次陷入爱河的人一样，喜欢一个人就傻傻地用自己的方式对他好。

我告诉他,如果有一天不想跟我在一起了,就直说。不幸,这一天终于到了。听到那个消息时我觉得整个人都被抽空了,平生第一次知道了什么叫食不甘味!

一想到他,过去的点滴就会让我心痛,以至于我怀疑自己是不是有心绞痛了。我断绝了和他的任何联系。每到心痛时我就告诉自己,时间长了就会好的。我一定能忘掉他。

但现在已经过了两年半了,我仍然会念叨他的名字至少5次,每日如此。我感觉他已经刻入我的骨髓,想把他彻底从我身体里分开真的太难。

救救我!

▶ 答:

我的爱情理论或许可以救你——如果对你有所启发的话。

按《圣经》所说,人原本是一体(亚当),共同是一坨肉,后来这坨肉分裂为男人和女人(亚当的肋骨造出夏娃)。

意识到分裂给人带来孤独、痛苦和不安全感,人渴望重新合一。

于是,所谓"男人的一半是女人,女人的一半是男人",爱成了重新统一的最重要方式。所谓"结合",就是男女在心理上重新变成一坨肉。

这意味着什么?意味着每一个男人来到这个世界上,总有一个女人是为他而来的,女人同样如此。

很好,从踏上这个世界开始,男人和女人便开始了相互寻找。

但他们对于对方只有朦胧而模糊的印象或直观,并不准确地知道对方是谁。同时,由于人和人之间在外貌、气质等方面有相似之处,而人则把这些相似抽象化成各种类型,忽略了每个人都是独特的,一个人和另一个人根本不是一回事。这样，某个男人或女人可能认为自己找到了自己的另一半。但是，他们不明白，自己可能只是找到了那种类型中的某一个，而并不是自己真正的那一个。

这就像在大街上找人，有可能找错人。

这出现了几种结局：

第一就是发现自己找错了人，然后继续寻找，也许可以找到真正的归宿，也许永远也找不到。有的人最后放弃，随便找一个，但有的人一生都在路上。

第二就是认为自己没有找错人，但他或她终于发现，自己找的也许不过是自己喜欢的类型中的某一个，而这个人并不真正属于他或她。他或她以后的失落感，以及对方的背叛会自然地告诉他或她这个信息。

第三就是发现找错了人，但被纠缠，也就认命了。一生麻木。

第四就是两个相互寻找的人终于幸运地会合。这样的一对，一生的幸福难以用语言形容。

在以上四类人中，第四类的人所占的比例极少。可以这样说，大多数人一辈子都不知道什么叫爱情。他或她的那些爱情，不过是在性与寻求合一的终极力量综合作用下的心理体验。

如何判断你遇到的是否真爱？非常简单，当双方都有一种"他（她）就是我一生要找的人"的感觉，并且不会短时间消逝时，大抵上就是。如果只有一个人有，可以断定，对于爱情来说，对方只是自己的人生过客。即使结婚，也不是结合，而是完成"人生任务"而已！

鉴于真正的爱情要靠运气，极为稀少，判断对方是不是自己的归宿时，可以把心灵感受的标准调低，然后再用亲情弥补。

一个看起来强势的女人对老公却一忍再忍,她是什么心理

▷ 问:

我认识一个女性朋友,37 岁,是女强人,表演型 + 占有型的人,道德感很强。

她 20 岁和自己的老公恋爱结婚,当时她老公家里比较穷(她自己 15 岁就出来做生意,所以有一定的资金),家里人很反对这婚事,但是她坚持要嫁。

她老公在性格上是温和型 + 承认社会优势排序……后来她老公不知什么时候开始出轨,她知道后原谅了老公。但她老公并没有悔改,不久又在外出轨,现在还嫖……

我问她为什么不离。她说离个屁。

她是什么心理?

▶ 答:

如果离婚了,就证明她当初有眼无珠,她的"自我价值"就彻底崩盘,人生就彻底失败!比之这种最可怕的事情,痛苦只是浮云。

这类人在乎的是自己在别人心中的形象,而不是自己的真实感受。

一个人的自我从危险中撤退

冷漠和心理强大是什么关系

▷ 问：

我对自己关心的人才会有感觉。对于不太关心的人，包括上司、同事等都比较漠然。遇事很少激动，比较淡定。

我对社会上的很多价值观念也比较淡漠，对流行时尚、社会热点也不感兴趣。

冷漠和心理强大是什么关系？是否是一种心理强迫？

▶ 答：

你在进行心理防御。冷漠就是一种自我的退缩或收缩，你在心理上从危险的外界撤退到安全线之内，以避免可能的伤害。

心理强大是正视了看穿，漠视是不敢正视而回避。

时间能疗伤，用的也是这个原理。当你与曾经给你伤害的情境在时间上拉开了距离，你就撤退到了安全的地方，自然也就不那么痛苦或不痛苦了。

我是自卑型的人吗

▷ 问：

因为家庭环境，我从小就自卑、懦弱、敏感，没有朋友。

上了大学后，才发现自己是多么不会与人交往，处理人际关系总感觉力不从心。别人的一句话，一个不友善的眼神都会让我一直纠结，痛苦啊！

比如有一次在宿舍听一首歌，一个舍友走到我面前，用鄙视的眼神说："你就这品位啊。"

我不敢再听那首歌了。

其实这个同学复读了两年才考上大学，而且来自比较偏的农村，贷的学费。他自己听的根本就是老掉牙的一些歌曲，一些新冒出的不错的歌手他甚至都不知道，但他一直自恃有品位，懂很多似的。他还常常故意问我们什么某某市的市委书记是谁之类的，天，谁会关心那个？我们没有人知道，他就很得意似的，特鄙视，看不起我们的样子。

这位同学是一种什么样的心理？我呢？

▶ 答：

你的同学和你在心理结构上有点儿类似，都是自卑。

不过，你同学化解自卑用的是攻击的策略，而你则是在心理上撤退。

我和陌生人基本无话可说，但和亲人却无话不说

▷ 问：

为什么我在见人第一面时，不会对他有任何畏惧，只是相互保持应有的尊敬，但是一旦接触多了，或者他成了我的上司，就在心理上开始莫名地排斥他、疏远他（他们都有一定的背景），就不能正常地交往了？

我和陌生人基本没有话说，但和自己的亲人无话不说，他们都开始烦我！

▶ 答：

第一面时，一个人呈现给你的信息只是外貌、身份的东西，他吃不了你。

但是熟悉后，信息就多了，他的身份、地位等等，都会刺激到你。而这些东西对应于一定的社会优势排序位置，这些人排得可能都比你高，当然你的上司更不用说了，不仅地位比你高，还可以用权力威胁你。

你屈服于社会优势排序。他人的身份威胁到了你的心理生存，因此你只能避开。

家庭是你的收容所。从身体到心理撤退到家庭，你是安全的。

我不敢在大庭广众之下和自己喜欢的女孩子聊天

▷ 问：

我喜欢一个女孩子，但不敢在大庭广众之下，在别人的注目下和她交谈聊天，或者有什么暧昧举动。但当她一个人的时候我就敢。我追女孩子很注意在场的别人的眼光。因为别人看着而不敢去追，导致了我很多的失败。

就算有漂亮女孩子主动暗示喜欢我，只要周围有别人在，我都不敢去把握机会。我这是怎么了？请给我建议！

▶ 答：

成为他人注目的焦点，对于你来说，就像被剥去了所有的衣服。你无法控制局势，而只能任人宰割。

更成问题的是，只要旁边有人，你做出什么，就认为自己是在暴露。

只有在没有人注视的时候，你在心理上才感觉自己是安全的。

我的建议是：尝试穿着犀利哥穿的那种衣服在大街上走两次，距离不能少于 500 米！

我害怕和别人发生矛盾，那样我会难受得要死

▷ 问：

我原是内地一所普通高校的老师，现在沿海一发达城市读书。

我有着严重的自卑感，个性非常懦弱，什么事情都不敢抗争，什么人都不敢得罪，在任何人面前都小心翼翼，生怕惹人家不高兴给自己带来麻烦。

这和我的经历有关。刚上小学时，由于成绩不错，老师让我当班干部。那时灌输给我的观念是，当干部就是要为大家服务的。于是这种所谓的服务意识深深地植入我脑海中。我讨好着每一个人，对每一个人都毕恭毕敬，对每一个人的要求都有求必应。只要别人对我表现出一点儿不满意，我心里就难受得要命。我想，一种奴性可能就是那样产生了。

还有另外的经历。在高中时，由于是省里最好的中学，我也就成为很

普通的一员。当时我是个组长，和我一组的几个女生是自费进来的，比较刁蛮，便开始欺负我。

有一次，有个女生上自习时在我后面低声骂我：好厚一张皮。当时虽然完全是她无理，但我也不敢和她吵。我怕大家看我的笑话，在大庭广众之下丢脸。这样的小事使我的心理发生了巨大的变化，我开始痛恨自己的懦弱无能，而且心理出现了极端的防御状态，在做任何一件事情时总是先想别人的反应，特别害怕别人不高兴，别人给我难堪。

我害怕和人发生矛盾，这样我会难受得要死。我想过改变自己，甚至专门去和别人吵架，可是吵架时我真的很害怕别人的气势，我怕别人的冷嘲热讽，甚至怕别人的一个不友好的眼色。我拼命告诉自己不要在乎别人，可是不管用。我曾经痛苦地想自杀，我感觉自己太没用了。

我稍微擅长一点儿的也许就是考试了，也仅仅是考试，没有什么做学术的能力。

这么多年来，我一直被这个心魔所缠绕。年纪不小了，老家那里别人给介绍个工人，人属于老实没本事的那种，人品还可以。我想自己是不是就要这么嫁了。内心有种奇怪的力量推着我要嫁给她，但我真的不愿意生孩子，我想我的这种基因应该被毁灭吧！

▶ 答：

没有自我的人，必须寄生在别人身上，尤其是权威、偶像。

我们碰到的第一个被寄生者，就是老师。

祸根来自这里：老师让你当班干部时，在心理上你把它看成了一种对自己的信任，一种道德责任，你害怕自己做不好。你原本就不敢得罪人，但现在，它得到合理化和强化了，因为你讨好别人，是为了对得起老师，不引起道德焦虑。

而这一切，都是否定你的。

问题是，这么干，你的懦弱只能越陷越深。你的内心虽然不想讨好别人，但得到了合理化的讨好别人的力量是如此强大，你完全无能为力。

这就是心魔啊。在时间的流逝中，你扼杀了自我。

扼杀自我就会产生自我憎恨，因为你的内心虽然弱小，但它要生存！你恨自己为什么这么无能和懦弱，居然没有勇气去阻止他人对自己的伤害，而且还主动伤害自己。其结果就是，你要报复自己。自杀和想嫁给工人，都是报复手段。

要做的事情太多了。

但第一件事是：在夜深人静的时候，坚持不开灯，不睡觉，不玩电脑不看电视，一个人独自在黑暗中坐一个小时以上，尽力把那个弱小的自我呼唤出来，和自己在黑暗中相会。

如何培养能镇住人的气势

在他们心理上,就相当于你操纵了这个世界。而他们无论手中拥有什么,在这个世界面前都是无力的。

这样,一种光环就会笼罩在你头上,这就是气质、气势!

怎么去培养男性特有的人格气质

▷ 问:

我记得您说过,一个男人可以一无所有,但一定要有顶天立地的气势。最近看了些欧美的电影,深以为然。

可审视自身,完全不见这种气息。这种男性特有的人格气质该怎么去培养?

▶ 答:

当你能用你的思想和语言表达能力把这个世界解释得井井有条,你在别人面前就重构了一个世界。

在他们心理上，就相当于你操纵了这个世界。而他们无论手中拥有什么，在这个世界面前都是无力的。

这样，一种光环就会笼罩在你头上，这就是气质、气势！

心理强大可以建立一个控制局势的气场

▷ 问：

我觉得，之所以要建立心理优势，在心理上强大不单单是为了抵御外来的打击，更大程度上可以应用来改变他人甚至整件事情的走向。

不要以为单靠智力就可以决定事情的发展，心理的配合同样重要。比如在心理优势建立的基础上运用"气场"去逼迫对手，控制对方情绪；或依赖强势去主导事件的全部发展而不受制于人。

▶ 答：

你说得完全正确！

在公众场合演讲，应保持什么样的心理

▷ 问：

我想知道的是，在公众场合演讲，应保持什么样的心理？

▶ 答:

最好的演讲就是善于洞悉听众的心理并调动他们的情绪。

如果你在内心里确实不自信的话,那么只能采用这样的方法:在一开始的时候,不要看听众的眼睛和脸,假装看他们但只是在虚看他们。你想象你面前是一个只有你一个人的世界。也就是说,告诉自己,你不是在对一帮人演讲。

假如你感觉到演讲自然了,有了自信,那么,就可以先瞟一下听众看他们的反应,捕捉他们对于你演讲的态度的信息。如果有不被你打动的迹象,继续上面第一步。如果有被你打动的迹象,就可以看他们的眼睛和表情,调动他们的情绪。

在没有自信的情况下,第一步不要看听众是因为此时你是他们审视的客体,你在心理上是处于弱势的。你假装看他们但实际上视他们如无物,就是要消除你的客体地位。第二步,就是把你变成一个主动的主体。

心理强大的基础是钱吗

▷ 问:

我认为,只有钱才构成心理强大的基础。

▶ 答:

对一些人来说,没错。但对于很多"成功人士"来说,通往钱的道路,就是从心理强大走过去的!

把游戏规则解释得有利于自己

我表演失败了

▷ 问：

前天我去买水果，一共 18.4 元，我给了老板 20 元，以为他会找我 2 元，结果他非但没有给顾客抹掉 4 毛，反而加了 1 毛。当时我有点儿来气。

我大声对老板说："老板，不是 18 块 4 吗？"老板意识到了怎么回事，假装说："是嘛，该补你 1.6 元。"

"你只给了 1.5 元。"然后老板就拿了一毛给我。结果我看了一下周围的人，都望着我，把我当成那种特别计较的怪人。

这件事我是这样想的，周围的人怎么看对我来说真的是无所谓。但是有个问题，一毛确实是小事，我这么向老板要，也是为了自己解解恨，心理比较舒服。但是从另一个方面来看，我表演失败，如果是有认识我的人在周围的话。

▶ 答：

客观地说，无论你是不是发泄不满，在和老板的心理博弈中，你都处于下风，是他占了便宜。老板少找你一毛钱，有两个游戏规则。其一，老板占顾客便宜；其二，顾客斤斤计较。就看有人在场时，你们在博弈时怎么利用和解读"少补一毛钱"这个事实，激活哪一个游戏规则了。

注意，你和老板进行心理博弈，同时是为了给观众看。你们是演员。

如果你说："老板，18.4元，不仅4毛你都要收，而且还多收1毛，不好吧？"那么，你就掌握了有利于你的游戏规则，是这个老板在侵占顾客的便宜，旁边那帮观众，因为和你可能有同样的利益或潜在利益，自然会站在你一边，至少不会用异样的眼光看你。

但如你说的是"你只给了1.5元"，情境就自动地转向第二个游戏规则，是你在斤斤计较，而老板明明心里想占你便宜，发现占不了便宜时，还可以用"不小心"来正大光明地掩饰。

你在不爽的时候，确实也可以按你所说的去对付这个老板。但是，这是一种败坏自己形象的方法，除非你不在乎。

他们来借钱，我该怎么办

▷ 问：

我在单位上是一个报账员，其实报账员就是出纳。单位上的人有了条子，领导签字以后就跑来找我报钱。这是工作。

但是总有一些人，老是想开口向我借钱。不借吧，开了口，怕得罪人；借吧，倒也没什么，关键是害怕，借的人多了，我这儿就周转不开了。

其实向我借钱的人也不是没理由的，都是一些单位上的人，自己开一些商店、门市，卖一些烟酒、文化用品什么的。我们单位用什么都从他们商店里拿，先把账挂着。他们呢，经常是年底开一张票，然后报销。可是他们给我说，单位上从他们那儿拿了几千块钱的东西啦，票还没开，是不是先预借点儿钱什么的。

我该怎么办？

▷ 答：

平常但却残酷的心理博弈！

看一下这些人营造出了什么有利于他们的情境：因为你管钱，这是一个事实。于是，他们就从这个事实中，用语言、表情等来"解读"出这一点：你有权做主借还是不借！

这是一个有利于他们的游戏规则：一个人应有人情味。借助这个游戏规则，对方就可以向你施加道德压力。在借钱的情境中，它一运用，就定义了一个有利于他们的结果：借，他们得利，你承担风险；不借，显得你为人太差。这样的博弈，怎么都是你输掉！

怎么办？重新"解读"事实，解构掉他们要营造出来的情境，逼他们用有利于你的游戏规则玩。

用你的语言和表情等对事实进行重新"解读"：虽然钱由你管，但并不是你的钱。所以，你无权做主借还是不借。假如对方非要你借，就相当于把你推入火坑，这会害了你。你运用的也是给对方施加道德压力的游戏规则：既然大家都熟悉，那就不要害我！

施虐的女人和性欲强的男人

哪些女人有受虐的倾向

▷ 问：

有时候一个女人对一个男人说:"我想要什么什么,我想做什么什么。"

我的感觉是:当这个男人去做了,结果反而会不好,女人会对他不屑一顾。

有的时候一个女人会对一个男人发自肺腑地说:"哇,你真的很酷,你好帅哦!"

我的感觉是:当这个男人引以为自豪的时候,这个女人会对他不屑一顾,如果这个男人就这样去追这个女人,那么多半是失败的。

但是有的时候——就在女人没有主动提出要求的时候,一个男人满足了她心里的愿望,她就会感动得一塌糊涂。

这是一种什么心态?

是不是每个女人心中都有这种倾向?我感觉是的。

▶ 答:

这叫受虐。

这类女人欣赏比她高档、可以藐视她的男人。她一般比较自我欣赏,但她的自我并不足以让她感觉自己多么伟大。

一旦男人追求她,她就会看不起这样的男人,因为这个男人的行为表明了他并不那么高档,他已屈服于她的石榴裙下。

绝大多数女人骨子里都希望男人比自己强,但是,不是每个女人都有受虐倾向。甚至,很多女人有施虐倾向,喜欢控制男人,这样她才有安全感。

有施虐倾向的女人充满了自卑和不安全感,而有受虐倾向的女人则有某种自傲。

一个施虐的女人是什么样子呢

▷ 问:

一个施虐的女人是怎么一个样子,如何识别呢?

▶ 答:

受虐的女人不是想让男人给她依靠,而是想分沾男人身上的属性。比如一个男人很帅很狠,她就觉得她好像也拥有了这类东西。她有了一层保护皮,因为她在心理上已经寄生在这个男人那儿了。

正因为如此,这类女人有些自傲,既轻易瞧不起混得不怎么样的男人,也轻易看不起老实巴交的男人。

施虐的女人就是想凌驾于男人之上,控制住男人,因为只有控制住了男人，她才抓住了确定性，才有安全感。如果男人超出她的控制之外，她的心理世界就会风雨飘摇。控制住男人是她获得安全感的前提条件。

施虐的女人大抵有两种样子，一种是装着关心你，处处为你着想（客观上好像也是为你着想），当然，你得听她的安排。这种女人有时候不一定能够意识到自己其实是在施虐，就像父母对孩子那样。

要分辨就简单了，假如你谈了一个女朋友，你穿的衣服、你吃的东西等等，她都喜欢来为你安排，某一天你不按她的意思，买了一样东西，她就会有一种失落感，甚至会埋怨你，那就证明她有施虐倾向。

另一种是很赤裸裸的。比如，她要管你的钱，她要你什么时候必须到哪儿，她规定你应该做什么不应该做什么。你若不听，她就会大吵大闹。这就是施虐狂。

我是一个性欲很强的男人

▷ 问：

我的心理有点儿邪恶。

我对性的需求特别强烈，非常痛苦。我甚至很多时候在逃避，但发现逃避最终不是办法。当然，我知道，这么强的性欲不仅仅是我本身厉害，还有受社会影响太深。

只要我认识的女生，除非太丑，否则我都有想找她做爱的冲动。和很多女人约会过，有一些对我也有好感。但是，每次约会我都会和性联系起来，我会想她脱光了会是什么样，我会故意去看她的身材，而且还很饥渴的样子。我都感觉自己真是个流氓。这么可爱的女人专门跑过来陪我逛街，陪我看电影，而我居然这样想！

我会觉得占有某个女人，会有优势感，当别的男人占有时，我会感到内心痛苦，虽然这并不是失去爱人的痛苦！

怎么办？

▶ 答：

你性欲那么强的唯一原因是：自卑和对男人的敌意迫使你把女人，特别是美女当成你的宗教，因为她们对你没有威胁，甚至代表了完美。你需要靠占有漂亮女人来获得终极关怀。

你很难真正喜欢一个女人的，特别是她不是美女的话。

建议：以后娶老婆，一定要娶一个美女。对于你来说，从内心里爱不爱她根本不重要，重要的是，她是美女。只要她是美女，你就有终极关怀；不是美女，你就有失落感，你绝对不会满足。

在精神上毁灭自己的人

什么叫"在精神上毁灭自己"

▷ 问：

什么叫"在精神上毁灭自己"？

▶ 答：

假如你想骂我，又骂了我，我会非常难受，在我抗拒不了你骂我的情况下，我先把自己给骂了，这样，你骂我还有威力吗？当你看到我这样时，是不是感觉到奈何不了我，被我的气势震住了？我在你面前，是不是有了一种心理上的优势？

这就是在精神上毁灭自己。

"我是个粗人"

▷ 问：

我在谈判中经常遇到这样的人：一开口就先"我是个粗人"或者"反正我已经六十多了，活够了"。

然后就用他的游戏规则，基本是蛮横的、违法的，比如，"人是我打的，打回来可以，就不赔钱。"

就几千块钱争议，打官司又不必要，行政拘留又解决不了问题。可谓人至贱则无敌。我往往觉得和这样的人无法沟通。

▶ 答：

无论这些人是不是人渣，演这一出戏是一种博弈策略。

它的本质是：这些人在和你博弈时没有胜算的把握，智力和兴趣因素也不允许他去琢磨你的出牌，于是先行一步亮出"底牌"（无论是真的还是假的），从而制约你的出牌。

他先把自己在道德上给贬了，精神上先毁灭自己，但不是以"谦虚""诚惶诚恐"的语气，而是以蛮横、挑衅的语气说，这样，他就有一种心理优势，因为在你面前，他是一种威胁。他在暗示你必须按他的规则出牌，否则可能有麻烦。

他们的弱点就是害怕你玩得比他们更狠，这样就会给他们造成心理震慑。

▷ 问：

我有一个新的生意合伙人，此人是典型的占有型性格。

由于以前被下属背叛过数次,现在形成了极大的心理壁垒,对员工极度不信任,什么权都不放,搞得下属怨气极重。我试图告诉他:什么都抓住,最后什么都会抓不住。

但以前只要利用人趋利避害的本性说明利害关系,很容易解决的事情,现在对他毫无用处,搞得我非常头痛。对于心理模式异常固执的人,用什么方式能改变?

▶ 答:

在性格上属于占有型的人,一旦感觉到他平时所占有的东西超出了自己的控制,就会感到恐慌,对他人抱持根本性的怀疑,好像谁都要夺走或破坏掉他现在占有的东西。假如被人背叛过,这种不信任会发展到类似于神经质的地步。

对心理模式异常固执的人,通常要采取两种策略,说服是没有用的,因为你面对的是他坚固的心理结构,而不是他的大脑。

方法不是让你说服他,而是让他自己说服自己!

一种是"归谬法",就是按着他的性子演绎下去,让他看到自己性子的后果,而这一后果是可控的,即他要收手,不至于造成无可挽回的损失。借用这一方法,让后果刺激他的心理结构,迫使他惊醒。

另一种是把他的性子转化成为各种客观的东西,比如严密的制度。

一方面,制度是他意志的产物,在他的控制之内;

另一方面,制度又可以给他的手下提供各种做事的规矩,让他们感觉到自己面对的是制度,而不是猜忌心极重的老板。

我们的世界是一个由自卑驱动的世界

▷ 问：

您从深层心理动机上对人的性格类型的划分，让我豁然开朗。回头看看我过去交往过的一些人，惊奇地发现基本都可以对号入座！

他们好像都说不出有明显的毛病和坏处，但我总是不愿意和他们过多地来往。以前一直不知道为什么，但现在我明白了。

从语言和思想这两个层次去考虑，没有办法看到实质。但是按您的方法从心灵深处去探讨，我突然明白了为什么自己会对这些人有一种本能的不喜欢。

就我的经验来说，我觉得真正能和你有兄弟之交的，往往是善良的自卑者；表演型的人往往不会与人交恶，但是只能停留在熟人那个层次，很难深交；占有型的人不会和任何人成为真正的朋友，他们每天想的只是得到，也不会为别人操心；攻击型的人终其一生能交到的朋友也大多是那些和他一样的攻击型的人；炫耀型的人看重东西重于人，他们需要的是虚荣心，能满足虚荣心的就是朋友。

而最复杂的就是自卑者了。因为自卑者往往有很多类型，他们为了缓解自己的自卑，需要很多外在的东西作为补偿。有的自卑者依靠探究世界来生存，有的需要物质上的东西得到存在感，他们就很容易向占有型靠拢。有的需要别人的注意力来证明自己的存在，就蜕变为表演者。有的需要虚荣心来彻底取代自己的心灵，就成为表演型。而有些把自卑化为仇恨，通过破坏获得自己的存在感，就成了攻击型。

这个世界,是由自卑者改变的,不管是什么样的变化。其他类型的人,只是充当历史的次要角色。

不知道我说得对不对?

▶ 答:

完全正确!这是一个由自卑驱动的世界!

做一个演员时，一定要同时做一个观众

当我被人指责时，会突然大脑一片空白

▷ 问：

在我认为我应该做什么的时候，突然被人指责"你不该这样不该那样"，例如踢球的时候，被一个我所看不起的人使唤，就会突然大脑一片空白。我平时自认为心理也很强大，也经历过非常多的危险，但如果我心目中预设的"垃圾""贱人"突然在我面前要我这样那样的时候，我就会突然空白。我的性格好像是表演型的。

▶ 答：

准确地说，是自卑型＋表演型。

你有点儿像自卑型中的思想者，在他人面前有智力上的优越感，而作为表演型性格的人，你能扮演好一个角色——掌控局势。但是，碰到不按规矩出牌的无赖，你就不知所措了。

原因在于，你不是纯粹表演型的人，你有一个独特的自我，无法突破，它构成了你的障碍。

我是不是太投入角色了

▷ 问：

我看恐怖片的胆量没有我老婆的大，当裁判的时候会因为看球而忘了鸣哨，下围棋的时候会把烟头放进茶缸，经常丢三落四的。这是不是跟我有时候太投入角色有关？

▶ 答：

一点儿都没错。你太投入自己的表演了。你忘记了自己，变成了在特定情境中表演的那个角色。记住，你在当一个演员的时候，一定也要当一个观众，同时看着自己和他人。